脱「ひとり勝ち」文明論

The Future is So Bright!

「未来のクルマ」Eliica開発者

清水浩

まえがき

二〇〇九年のいま、いわゆる、百年に一回の、「世界不況《ふきょう》」「金融危機《きんゆうきき》」と言われています。

百年に一回かどうかはさておき、

「世界は、もしかしたら、よくない方に変化しているんじゃないのかなぁ……」

となんとなく実感している人は多いのではないでしょうか。

そういう時代に、高校生、大学生、新社会人の皆さんたちが、本当に求めているものは、「未来に希望を持っていい」という「事実」。

こういうことではないかと思います。

しかも、ウソやなぐさめではない事実、これを、若い人ほど渇望《かつぼう》しているのではないでしょうか。

二十世紀の古いタイプのままの、アメリカをはじめとした先進国のそれぞれで、「ひとり勝ち」を目的、価値、勝利としてきたような文明は、そろそろ続けられなくなってきています。

「じゃあ、二十一世紀型の文明のモデルって、なんなのだろうか？」

このクエスチョンに、本書では、ぼくの過去の研究をもとに、かなりシンプルに、できるかぎりわかりやすく答えてゆきます。


「世界は、どんどん、悪くなっている」

そう多くの人が思うのも、「危機をあおりたてる情報には、もう、飽《あ》きてしまいました……」というところに、きているからではないでしょうか。

二〇〇八年十二月二日の『朝日新聞』のトップニュースは、「新車販売　前年比二七%減　下落幅、前月から倍増、十一月の国内」というものでした。新車の売れた台数が、三十九年ぶりの少なさになっている、と報道されたのです。

一九〇八年に、いまのクルマの主流になったといわれる、「T型フォード」という大量生産車が発売されました。

それから、百年ほど時間が過ぎ、現在、クルマ社会は、岐路《きろ》に立っているのではないだろうか、と言われているわけです。

二〇〇八年三月まで利益が二兆円もあったトヨタという超巨大企業さえも、赤字を発表した、と深刻な話題として語られています。

実際問題、それぞれの自動車会社は、大規模な生産調整をしている最中です。非正規社員を中心に大幅な人員削減《じんいんさくげん》も行なわれています。

そのため、「世界も日本も、いま、タイヘンだ。これからの未来も、あぶないんじゃないのか？」と、危機をあおりたてる話題が先行する傾向にあります。

ぼくも、もちろん、「世界も日本も、いま、タイヘンだ」の問題意識までは、共有します。

ですけど、危機をあおるだけでは何も前進しません。

大切なことは、

「現状はどうなっているか？」

「これから、何ができるのだろうか？」

という本当のことを、先行きに対して不安を抱《かか》えている人に、きちんとお伝えすることです。

いまの時代や状況の中でこその、「危機をあおるだけ、というのではない種類の情報」を、本書を通して、提供できればと考えています。

ぼくは、慶應義塾《けいおうぎじゅく》大学の教授です。

いままで、クルマとエネルギー問題の研究、をやってきました。

その一環《いっかん》として、ぼくたちは「エリーカ」という電気自動車を開発しました。

このエリーカは、**「時速三七〇キロも出るのに排気《はいき》ガスはゼロ」**ということで、テレビ番組などに取りあげられました。手前味噌《てまえみそ》ですが、小泉純一郎元首相、元Ｆ１ドライバーの片山右京《うきょう》さんたちにも、ほめていただきました。

「未来のクルマ」として、少しずつですが、評価が高まっている状況です。

そういう声がぼくの耳に届くようになったのも、

「クルマも、エネルギーも本当にグラグラとゆらいでいる。衰退《すいたい》もしくはモデルチェンジを求められているのでは？」

と多くの人たちが不安に思い始めているからではないでしょうか。

しかし、そんな時代だからこそ、

「ぼくの研究を、多くの人たちに、理解してもらえるのではないだろうか」

と考えるようになってきました。

奇《く》しくも本書を執筆している最中の二〇〇九年四月九日、日本政府は「新たな成長に向けて」と題した成長戦略を発表しました。

その骨子《こつし》は、

『低炭素《ていたんそ》革命』などを通じ、日本の国内総生産（GDP）を百二十兆円押し上げ、四百万人の雇用《こよう》を創出する」

という構想です。

その「低炭素革命」の柱は、次の三本です。

「太陽電池」

「電気自動車」

「省エネ家電」

この三つが二十一世紀の「新三種の神器《じんぎ》」になる、という考えです。

そして、「太陽電池」「電気自動車」の二つこそ、まさにぼくがこの数十年研究し続けてきた分野なのです。

しかも、この二つが、二十一世紀型文明を作る基盤《きばん》になるのです。

数十年間、クルマの分野の中、あるいは、エネルギー問題の世界の中でのみ話題になりがちだったぼくの研究が、ようやく「経済政策」の最重要の関心事になったわけです。

しかし、です。

手放《てばな》しで喜べるわけではありません。

本書でこれから述べるように、政府のこの構想では、まだまだ十分ではないのです。十分ではないどころか、下手《へた》すると、日本は「二十一世紀型文明」への転換をしそこなう可能性だってあります。本来なら、先頭に立って、新しい文明を作っていくことができる位置に日本がいるにもかかわらず。

ということで、本書では、次の二つをお伝えしていくことにします。

「これからの未来は決して暗いものではない、むしろ希望を持っていいんです」ということ。

それと同時に、「けど、ぼんやりしていたら、日本はその文明の先導者になるチャンスをみすみす失いますよ」という危機意識にも目覚《めざ》めてもらいたい。

この両方を皆さんと共有し、新しい文明への第一歩を、この本から踏み出したいと思っています。

モーター出力	800馬力
全長	5100mm
全幅	1900mm
全高	1410mm
乗車定員	4名

Eliica

著者たちが開発したEliica《エリーカ》

ボディー……4ドア
駆動方式……8輪駆動
最高速度……370km/h
加速性能（0-100km/h）……4.1秒

一充電走行距離……300km
電池形式……リチウムイオン電池
充電時間（70％回復）……30分

装幀　寄藤文平
坂野達也

本文イラスト　鈴木順幸

目次

1

脱「ひとり勝ち」文明へ

2

未来は、電気自動車の中にある

3

「エリーカ」開発で見えてきたこと

4

日本発、日本型の文明を！

1

脱「ひとり勝ち」文明へ

高校生の九割が、「未来は悪くなる」と予測している時代

まだ、世界不況、とまでは言われていなかった二〇〇八年の夏のころ、神奈川県のある県立高校で、ぼくは、特別講義をやりました。

講義の冒頭で、

「これから世の中は、良くなると思いますか？　それとも、ダメになると思いますか？」

と、五十人の高校生に質問してみたのです。

結果は、

「良くなる」＝二人

「ダメになる」＝四十八人

というきびしいものでした。講義のあとに、もう一回同じ質問をしてみてもよかったと思いましたが、実際に目の前の高校生の九割以上が、「世界は悪くなる」と考えていることについて、やはり、衝撃《しょうげき》を受けました。

「良くなる」の二人は、

「これからの社会の問題は、科学技術で解決されるだろう」

と、予測していました。それはそれで、勇気のある、ナイスな予測ですよね。

だけど、あとの四十八人は、問題が山積《やまづ》みだ、としていました。中でも、

「温暖化問題」

「石油エネルギー資源の枯渇《こかつ》」

「紛争《ふんそう》問題」

などを、解決不能のものとして、世の中は「ダメになる」という予測の理由としていました。

しばらくして、ぼくの勤務先の慶應義塾大学を志望している高校生たちのために開講されたオープンキャンパスの講義の中でも、同じ質問をしてみました。結果は……。

「良くなる」＝三割
「ダメになる」＝七割
県立高校で質問したときよりも、「良くなる」は、増えています。

けれども、大多数は、「ダメになる」だったわけです……。

こんどは、講義の終わりにも、もう一回、聞いてみました――。

すると、

「良くなる」＝九割

「ダメになる」＝一割

というふうに、ぜんぜんちがう結果になりました。

オープンキャンパスにきている高校生ですから、「慶應義塾大学に入学したくて」と、ぼくの講義内容にあわせて答えている割合もあるかもしれません。

けれども、これだけ、意見の割合が変化するということはどういうことだろうか。

何も情報を与えられていない状況では、若い人たちは、まちがいなく、「世の中は悪くなる」と考えている。

そう考えていいだろうと想像しました。

さらに、高校生に数十分間、講義をしてみたというだけなのに、九割は、「良くなる」と答えているという事実から、「こんなに簡単に立場を変化させられるということは、これまで、十分な情報が与えられていなかったのではないか？」と推測できました。

高校生に入ってくる、実社会のインフォメーションといえば、「テレビ」「新聞・漫画・雑誌」でしょう。それと、最近では、「インターネット」もあるかもしれません。

いま、このようなインフォメーションを届けるメディアはどんどん進化し、たくさんの情報を伝えてくれますが、その情報の源《みなもと》が一方向に向いていると、大多数の気持ちも、一方向にねじまがってしまうところがあります。

そういう情報にさらされているだけでは、**これからのことを予測するための、「知識」「情報」は、足りていない**。

これは、「普通」の社会人にもあてはまることです。

もちろん、現実の社会では、「世界不況」も、「金融危機」も、そこにあるというのは、まちがいのないことです。

しかし、そんな時代の中における、「タイヘンだよなぁ……」という実感をふまえて、「それならば、何をできるのだろうか」という渇望《かつぼう》を満たしてくれる情報は、まだまだ不足しているのではないでしょうか……。

そんなところに、ぼくは、ある仮説をもちこむつもりです。

「これまでの文明論とは『まったく』異なる角度の仮説」を、です。

それが、これから話を続けてゆく、従来の「ひとり勝ち」を脱出するタイプの文明論、なのです。

温暖化問題は、まだ、本当には議論されていない？

人類の文明は、簡単にいえば、「狩猟《しゅりょう》文明」「農耕《のうこう》文明」「工業化文明」と、変化してきました。

とくに、今回の文明論のために焦点《しょうてん》を当てたいのは、「農耕から工業化まで」の変化です。

工業化文明の実現は、この百数十年ほど、ですね。

農耕文明を起動させていた資源は、「たべもの」。

工業化文明を起動させている資源は、「エネルギー」。

ここに、まずは、文明をとらえるための基本があります。

工業化文明で発展してきた、製造、建築、サービス、知的創造……といった分野は、「エネルギー」のないところには、生まれなかったのですから。

しかし、この「エネルギー」によって十九世紀のなかばから生まれていった工業化文明は、二十世紀の終わりごろに、「温暖化問題」という結果にブチあたります。

では、まずこの、「温暖化問題」の基本の基本について、話をしましょう。

一九八八年、アメリカの議会の公聴会において、

「最近一年間の旱魃《かんばつ》の原因の九九パーセントは、地球の温暖化によるものだ」

という発言がありました。

このインパクトのある発言によって、

「温暖化というのは旱魃が起きるほど、影響力が大きいものなの？」

と、驚きの声が出てきました。

それで、世界各地の「温暖化をなくそう」という方向の議論が、本格的になっていったわけです。

ただ、注意してもらいたいのは、それからの二十年間の温暖化問題についての議論は、もちろん、必要で有意義なものではありましたけれども、結論をひとことで言うと、

「温暖化の脅威《きょうい》を、どう、世界中に伝えたらいいのだろうか」だけだったのです。

もうひとつの意義を付け加えるとしたら、一九九七年十二月のＣＯＰ３で議決した「京都議定書」に代表されるように、世界がまとまってこの問題に対処《たいしょ》しようよ、とい

う動きを作ることができたことです。

この二十年の議論はそれらに集中したものでした。

それでも、人々の間に温暖化の脅威が定着するには、第4章でもう一度述べるアル・ゴアさんのノーベル平和賞受賞に象徴されるように、二十年間は必要だったわけです。

当然、それをやれただけでも、十分、成果と言えるのですけど、いまのぼくたちにとっての本当の問題は、

「温暖化の脅威はわかったけれど、実際、どうしたらいいのだろう……？」

ということでしょう。

ところが驚くべきことに、これについての大きい視点の議論は、まだ、「ぜんぜん」といっていいくらい、なされていません。

それがいちばんの問題なのです。

「世界はダメになっていく、と思われているけど、ダメにならないようにするための議論はあんまりないのです……」という状況です。

では、どうして、次の議論が生まれていないのでしょうか？

単純です。

前の時代の技術の積み重ねを「何も破壊《はかい》しないまま」という前提条件で、議論を始めようとしているからです。

でも、いまの社会の基本構造を、そのままにしていたなら、「その社会の基本構造によって生まれた問題の根本的な解決」なんて、できるハズがありません。

そのあたりで、ぼくは、「このままでは、ヤバイんじゃないのだろうか……」と、危機を感じているのです。


トシを重ねるうちに、あるいは実社会で仕事を続けるうちに、多くの人にとって、ほとんど本能的に、「前の時代の積み重ねを破壊する議論」というのは、受け入れられなくなってしまうもの、ということがよく言われます。

それは、自分の蓄積してきた立場に対しての防御《ぼうぎょ》反応としてあらわれてしまうものなのですよね。

けれど現実にぼくと同世代の人々で、将来の変化に対して極めて積極的に考え、行動に移そうという人はたくさんおられます。

なおさら、「これから」の若い人にならば、「前の時代の積み重ねを破壊するタイプの文明論」も、より無理のない形で受け入れてもらえるはずです。

「これからの時代に生きていかなければならない」

「前の時代の遺産《いさん》では、もう、食べていけない」

そのように若い人が感じているのならば、本書のような新しい文明論をこそ、求めているのではないのかなぁ……と思うのです。

しかも、第４章で述べるように、**前の積み重ねを完全に破壊するわけではないタイプのやり方**を本書では提案するつもりです。

「ひとり勝ち」文明は、一回目の革命に過ぎない

二十世紀は、いわゆる工業化によって、これまでの人間の文明の中でも、「たいへん裕福《ゆうふく》な生活を過ごせるようになった時代」でした。

しかし、この「裕福な生活」というのは、誰のものなのでしょうか。

と言えば、「世界の約一割ほどの先進国の人たち」にとってのものでした。

世界の一割の人たちだけが二十世紀に実現できた「すばらしい生活」だったのです。

その「裕福な生活」は、完全に「ひとり勝ち」の文明として与えられたものでした。

本書は、この「ひとり勝ち」から、いかに脱却《だっきゃく》するのか、を主題にしています。

ここで言う「ひとり勝ち」は、「豊かさや、経済力などが、先進国の、世界全体から見たらごくごくわずかな人たちに集中していること」を示す言葉として、使っていきます。

つまり、いまの「裕福な生活」は、約一割の先進国ではない、ほとんどの国の人たちが獲得できないものであって、「オイルなどのエネルギーを集中的に使えること」に、支えられていました。

しかし、その「化石燃料《かせきねんりょう》」が、いろいろな問題を起こしているのです。

公害。

石油資源枯渇。

温暖化。

そういった問題を、つきつけられて、

「うわぁ、もう、地球は、ダメになるのだろうか」

「二十世紀の、あれだけの裕福な生活は、もう、できなくなるのだろうか」

と、先進国の人たちは、心配している……。

しかし——ぼくが本書で唱《とな》えたい文明はまるで反対です。そういった問題を根本的になくせるだけではありません。

世界中の約七十億人の人たちも、「二十世紀のアメリカ人と同じように裕福な生活」を実現できる。

しかも、「理想論、精神論ではないタイプの文明論」です。

それを、いまなら語り始めることができるのではないだろうか、と考えています。

たしかに二十世紀のタイプの文明は、まさに、生活を革命的に変化させました。

しかし、人間の歴史を思い出してみると、

「革命は、だいたい、二回行なわれることで、地に足のついたものになる」

と、言うことができます。

イギリスのピューリタン革命と、名誉《めいよ》革命。

アメリカ独立戦争と、南北戦争。

日本における律令《りつりょう》体制にしても、「奈良時代に導入して、平安時代に定着した」というように、二回でいい着地を行なうという変化は、ずいぶんあります。

戦国時代と徳川幕府。

明治の近代国家と第二次世界大戦後の昭和の現代国家、などなど。

いろいろ、具体例はあげられます。

そして、「化石燃料をエネルギーにした一回目の工業化の時代」のあとには、**「太陽電池をエネルギーにした二回目の工業化の時代」**がくる——。

そこにこそ、ここでの「脱『ひとり勝ち』文明論」の話の中心があるのです。

太陽電池など、二十世紀なかばからの発明の結果と、その発明を社会で実現させるための努力は、長年、きちんと蓄積されてきました。

ですから、それらの技術というのは、「あとは、どのように社会に実際に普及させていったらいいのだろう……」という段階にまで、さしかかってきているのです。

二回目の革命は、やろうと思ったらけっこうすぐに実現できるんだということを、ここでしっかりとお伝えしておきます。

「科学の進歩」は「思想の自由」で生まれる!

技術というのは、石器時代にもあったものです。が、産業革命の時代の前までは、少しずつ、だんだん、発展してきたものでもありました。

産業革命の時代から、パーッと飛躍的にサイエンスの発展が行なわれるために、「市民革命」は、なくてはならないものだったのです。

革命で自由になったら、生活も自由になるけど、「思想、思考」も、自由になりますよね。

それまで、斬新《ざんしん》なことって、あんまり考えたらいけなかったわけですから。

つまり、発見したものを、きちんと「発見」と言える時代には、サイエンスにおける「発見」をすることも「さかん」になっていった、という事実があるわけです。

サイエンスは、「わかったことを言語にしてあらわすこと」で、できているものです。

重力についても、モノを投げたら落ちてくる、ということは、誰だって知っていたわけですよね。

だけど、ニュートンは、その「知っていること」の詳細を、「モノは、どのように飛んでいくのだろうかなぁ」という、いわゆる運動方程式という数式の言葉におきかえました。

数式は、理解するのはむずかしいですが、いったん、理解をすると、世界共通言語として、前の発見をもとに次の発見をどんどん重ねてゆける便利な道具でもあります。

数式という言語にして、人が理解できる形にすることによって、「わかったこと」は、発展させることができる。

さらに、その発展させられたものをモトにして、次は、アタマで考えたことを現実の形にしてゆく……。

これが技術なのです。

だからこそ、市民革命のあとにサイエンスが進化して、それにともない、技術も大きく展開を始めたわけです。

そのような必然の結果として、十九世紀の産業革命があって、二十世紀のいわゆる「豊か」といわれるような生活は支えられてきました。

ぼくが、こうして、本を書いていることにしても、「自分のわかったことを目に見える形、他人に理解してもらって使える形にするため」でもあります。

そうすることで、脱「ひとり勝ち」文明へと歩を進めたいのです。

トランジスタも太陽電池も量子力学から生まれた

物理学の世界では、ニュートンによる力学、十八世紀から十九世紀にかけて発展した電磁気学《でんじきがく》、というように、モノの原理がどんどんはっきりわかっていくようになります。

これらは、二十世紀の裕福な生活の基礎になっていきました。

そういった進歩は、二十世紀になってからも、どんどん、続いていきます。

その結果、二十世紀のサイエンスの中心になったのが、量子力学《りょうしりきがく》です。

このサイエンスは、一九〇〇年から一九三〇年にかけてその基礎が確立された分野ですけど、これこそ、二十一世紀を作りあげる原動力になる……と、ぼくは、思っています。

サイエンスとは「わかったことを言語にしてあらわすこと」——
「モノは投げたら落ちてくる」。この誰でも知っていることを、ニュートンは数式におきかえた。

量子力学の教科書をながめてみると、最初のページから、「光は波だったり粒だったりする……」などと、むずかしいように思えるものです。

だけど、そう、むずかしくとらえないで、量子力学については、「原子の中身と、分子の中身を理解するための学問」と、大雑把《おおざっぱ》にとらえてみたら、理解をしやすいのではないでしょうか。

当初、原子は分子に比べてよりシンプルなので、その中身を理解しやすかった——そのことによって、原子力、原子爆弾や原子力発電といった技術が、二十世紀に生まれた。

その次の時期になって、原子が複数個集まってできる分子の中身をながめた結果、生まれたモノこそ、二十世紀のなかばから後半にかけての、いろいろなすばらしい発明なのです。

トランジスタも、太陽電池もそうです。

これらは、量子力学の中の半導体の原理にもとづいて生まれた技術でした。

トランジスタというものは、N型とP型とN型という三つの半導体がサンドウィッチ状にくっついたものですね。簡単に説明するなら、小さい電流を流したら、別のところからドバーッと大きい電流が流れる、という性質を持っているものです。

太陽電池のもとになっているダイオードは、N型とP型の半導体でできています。

「光を当てたら電気が出てくる」

「電気を流したら光が出てくる」

そういうおもしろい性質を持っているダイオードの「光を当てたら」を使っているのが、太陽電池です。

太陽電池は、あくまで、光を当てることで電気を起こす装置です。電池という言葉が使われているから電気を蓄《たくわ》える装置のようにも思えますけど、じつは太陽光を電気に変える発電機が、太陽電池なのです。

反対に、「電気を流したら光が出てくる」というほうを使っているのは、発光ダイオードです。

いずれにせよ、こういった半導体の技術が、二十世紀後半に、大量に普及していきました。

コンピュータも、もちろん、トランジスタがなければありえなかったわけで、いわゆる「ＩＴ社会」というものは、トランジスタのおかげです。

ぼくのやっている分野でいうなら、電気自動車用のトランジスタも半導体の技術が出発点です。

ちなみに、このトランジスタは、日本に関《かか》わりの深いものです。トランジスタを発明したのは、当時、世界のナンバーワンだったベル・テレフォン・ラボラトリー（ベル研究所）ですけれど、この技術のすばらしさに、初めて根本的な理解を示したのは、ソニー創業者の井深大《いぶかまさる》さんでした。

トランジスタの発明、という革命的な変化に、最初に気づいたからこそ、いまの巨大企業としての「ソニー」の技術、製品が成立していった……。そのような経緯《けいい》があるのです。

太陽電池も同じことが言えます。

これもやはり、ベル・テレフォン・ラボラトリーの発明したものですが、一九七〇年代のオイルショックのあと、

「なんとか、エネルギーを石油にたよらないようにしなければ……」

という国際的な議論の中、とくに国と大学と企業が、予算をずいぶん出して、世界最先端の太陽電池の技術を高めていきました。この動きも、じつは、日本が中心になってのものでした。

九〇年に、建てものの屋上に太陽電池を付け始めて、それ以降の十数年間で、どんどん、設置費用を安価にさせてゆく……。これは、主流のエネルギーではないから、地味で見えないような変化でしたけれど、そのような応用技術の蓄積は、日本が、世界でいちばん進んできたのです。

だからこそ、ぼくは、これからの日本をになうであろう、高校生、大学生、新社会人の皆さんに、太陽電池の話をしたい、と思っているのです。

日本発信の「グローバルスタンダード」を作れる分野が、この太陽電池の技術の世界、なのですから。

そして、この太陽電池こそ、二回目の革命を導くものなのです。

「変化」「革命」は、想像よりも近くにあるもの

太陽電池の話を始めたので、「また、ロハス系の話かな?」なんて、感じられた人もいるかもしれません。

「そんなもん使ったって、損するだけじゃねぇか……」

と、太陽電池を「遠いもの」と、とらえる人もいるかもしれません。

もちろん、その観点はまんざら見当違いなわけではありません。

というのも、いまは、建てものの屋根に太陽電池を付けたとしても、「二十年かければ、ようやく、電気代のモトが取れるぐらい」というレベルですからね。

まだまだ、設置費用に比べて、効果があらわれにくいように思われています。

「ほうら、ムダじゃないの！」と、思いましたか？　そうですね。

けれど、この「二十年かければ」まで、やっと到達したということを前提に先を見ると、「大いにチャンスあり」と、ぼくなんかは思ってしまいます。

というのも、これまでの太陽電池の価格の低下の速度を見ると、近い将来、その価格がさらに大いに安くなると予測することが可能だからです。

そのことについて、少し詳しく話しましょう。

太陽電池は、近い将来、「ロハス」とか、そういう環境に関心を持っている人たちだけで導入していくものではない時代になってきます。

単純に、計算をしてみるだけで、それはわかることです。

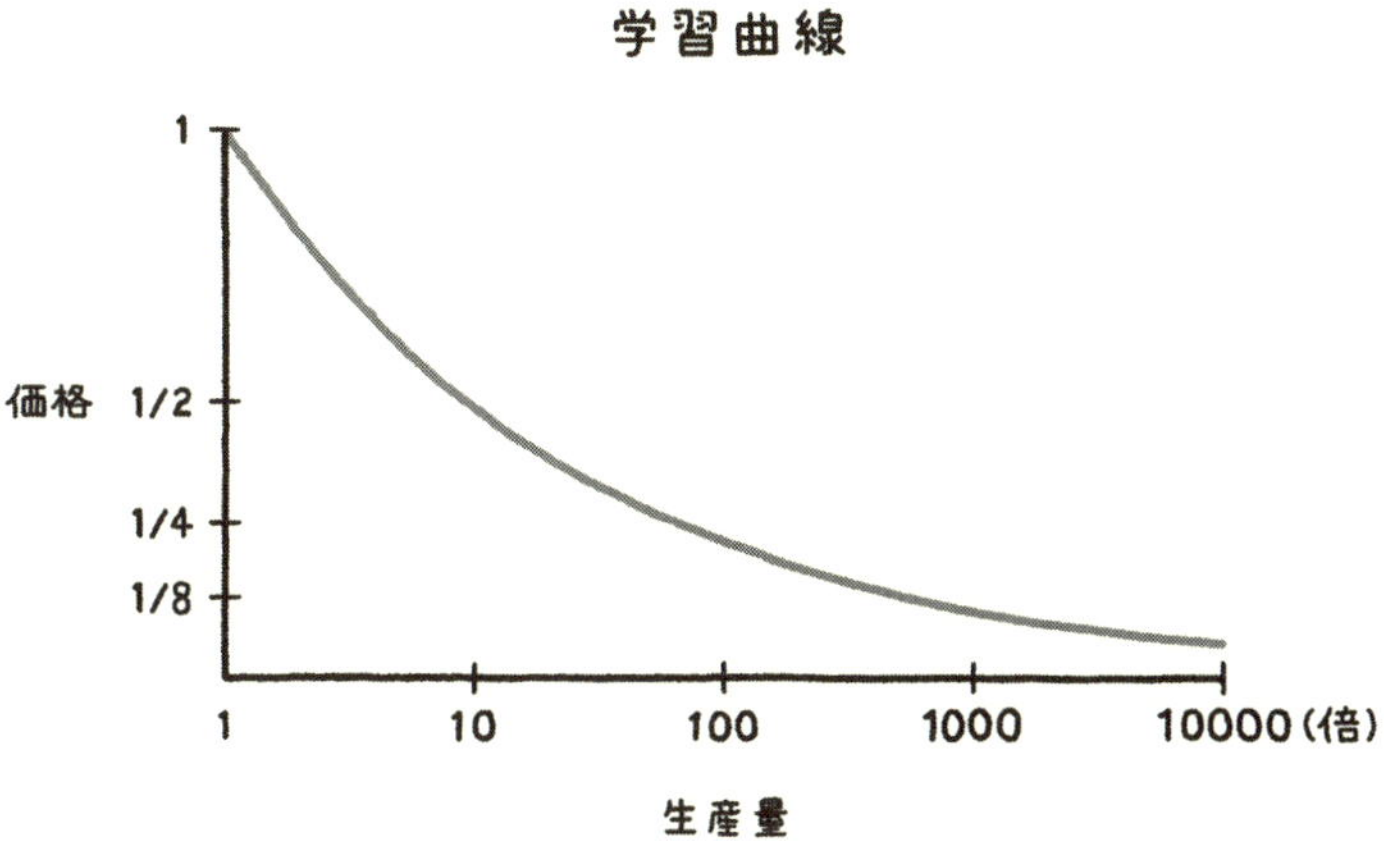

生産量を10倍にすれば、モノの価格は半額になる。

ちょっと、数えてみましょう。

現時点で、二十年間でモトが取れるのならば、半額になれば、十年間でモトが取れるわけですよね？

モノの価格を半分にするためにはどうすればいいか。

これは、簡単に「学習曲線」という経済の数式、あるいはほとんど法則みたいになっているもので算出できます。つまり、生産量を十倍に増やせばいいだけなのです。

「いやいや、生産量を十倍に増加って、それ、バカみたいにタイヘンなんじゃないの？」と、思われるかもしれません。

でも、ここで、さらに、単純なデータがあります。

いま、日本の総発電量に対する太陽電池の割合は、年々増えているとはいえ、たった、「一万分の一」です。わずかですよねぇ。

ですから、それを、「千分の一」にするのならば、これは、かなり簡単だろうなぁ、と想像できます。

なぜなら、すでに大量に普及しているものをもっと普及させるのは大変だけれど、わずかにしか普及していない状態からもう十倍だけ普及させるには、マーケットの余裕が十分にあるからです。

しかも、もしもさらに、年々増加する太陽電池の発電量を日本の総発電量に対して「百分の一」まで増やすことができれば、設置費用は大雑把にいって「四分の一」にできることになります。すると、五年間でモトが取れるものになります。

ここで電力会社にとっての太陽電池の価値ということを考えてみましょう。電力会社は、原子力や火力発電で起こした電力を消費地まで送電し、家庭や工場に配電します。このため、発電所の発電原価に比べて、家庭や工場で使う電力の価格は三倍から四倍になっています。いま、家庭で使う電気料金はキロワットアワー当たり二十五円で、原価は六円から十円くらいです。

もし太陽電池の設置価格が現在の四分の一になれば、キロワットアワー当たり六円で発電できることになります。ということは、電力会社にとっても、原子力や火力発電の発電原価より、**太陽電池で発電したほうが原価が安くなる**ということになります。

これ、けっこう、驚くことではありませんか?

環境にやさしいもののほうが安くなる。そういうことなのですから。

「変化」「革命」と言われているものって、単純に計算しただけでも、想像するより、近くにあるものなのです。

「値段を半額にできたら、家で普通に使われるようになり、太陽電池は大量に普及し始める」

「すると、さらに価格が下がって、工業用の電力にも、太陽電池が活用され始める」

そうなれば、日本主導で、未来の電力である「太陽電池」の、これからのグローバルスタンダードを作れてしまうことにもなる。

なんといっても、工業用に使用される電力の分量はものすごいですから。それに、世界を見ると、電気を使えない人々が圧倒的に多いのですから。

世界一のチャンスを「つかむ、逃す」の岐路に立っている

ただし、その「変化」には重要な条件があります。

日本主導で太陽電池のグローバルスタンダードを作る。

そのポイントは、**いますぐに、動かなければならない**。これに尽きます。

動かなければならない、という言い方をすると、ウサンくさく思えるかもしれませんけれど、これが重要なのです。

いま、動く。

そのことによって、革命のスピードをあげられるのではないか……。そのように考えるからこそ、ぼくは本書を書いて、日本中の皆さんにお伝えしようとしているのです。

では、なぜ、いま、動かなければならないのでしょう。

これも、とても、簡単なことです。

45ページの上の図のとおり、二〇〇五年には、太陽電池は、日本がシェアを五五パーセント持っていました。でも、最近、ドイツや中国やシンガポールが大々的に市場に入

ってこようとしています。その結果、二〇〇七年には二二パーセントにまでシェアを落としてしまいました。

たとえば、現在シンガポールでは、世界最大の「太陽電池発電工場」が造られています。いずれ、太陽電池が世界のエネルギー源の中心になったときには、いまでいう「石油産出国」のような地位になっている可能性だってありえます。

たしかに、いま、日本政府も、太陽電池の普及にチカラをいれようとしてはいます。二〇〇九年三月二十九日の『朝日新聞』の一面にも、「公立小中高校へ太陽光発電装置を設置」なんて記事がのっています。

しかし、ここで目標にしているのは、よく読めば、「二〇二〇年の太陽電池発電量の目標は、現在の二十倍に引きあげること」とあります。「はじめに」でも触れた二〇〇九年四月九日発表の政府の「成長戦略」も同じです。

そうして、太陽光発電の規模を二十倍にする「太陽光世界一プラン」を打ち出しました。

けれど、本当にこのままで「世界一」は実現するのでしょうか？

さきほどの太陽電池の価格計算の結果をふまえて考えてみたら、これは、「まだまだ」というレベルではありませんか？

原子力や石油などで作っている発電の原価と比べて安価にするには、日本の総発電量に対して太陽電池の割合を「百分の一」まで増やさなければならない。そうすれば、五年間でモトがとれる。そういう計算でしたよね。

ところが二〇二〇年ということは、このままの流れでいけば、普通の人が、家で使うところまで太陽電池の価格が下がるのだけでも、あと十年も待たなければいけない。そういうことを意味しています。

普及に十年もかかれば、日本は「太陽光世界一」の地位を築けないでしょう。

ですから、ぼくが、きちんと伝えたいと考えているのは、

「もっと、思いきって投資《とうし》をして、急速に普及させなければまずい」

ということなのです。

ぼくが焦《あせ》る理由は二つあります。

ひとつは、かつては日本は、世界で最大の太陽電池の生産国だったのが、わずかの間にそのシェアを大きく減らしていることです。

日本の太陽電池生産シェア

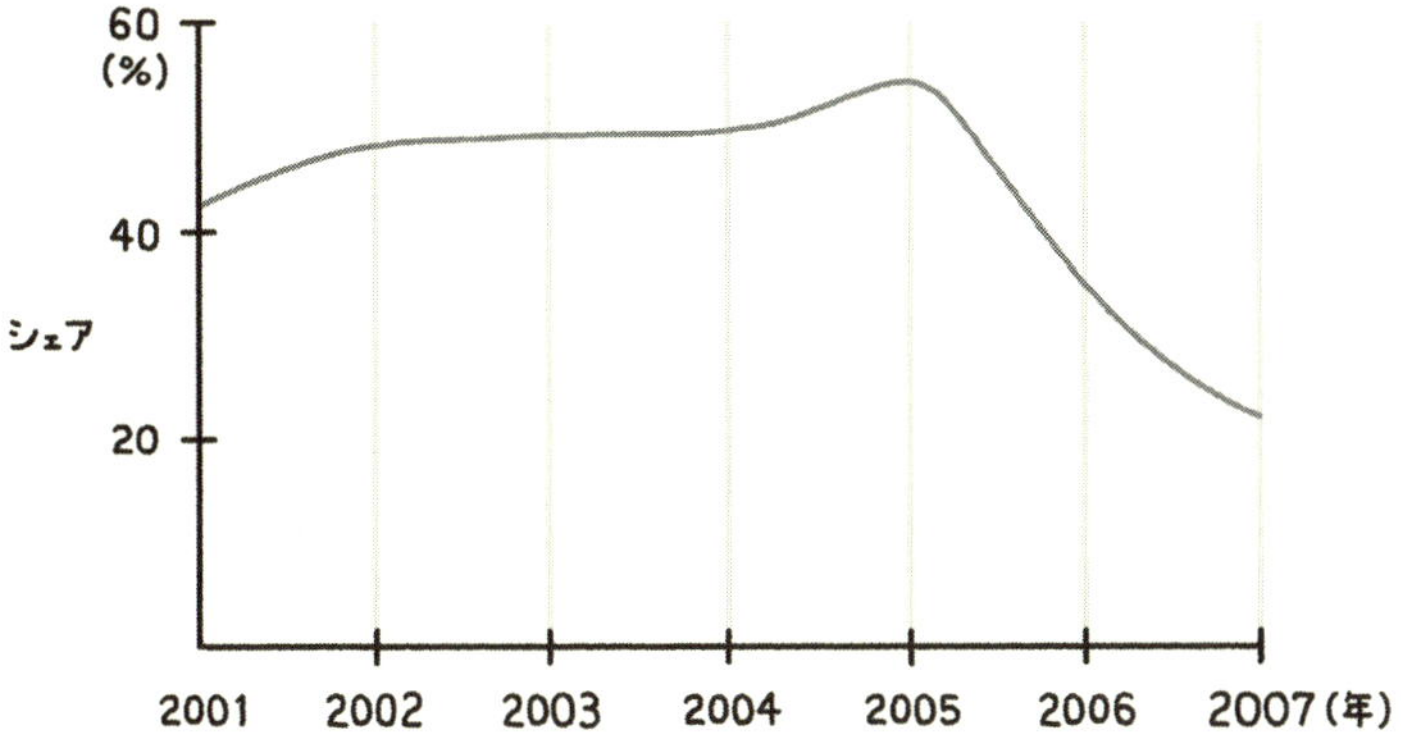

※PVニュースより作成

太陽電池主要生産国の生産能力シェアの推移

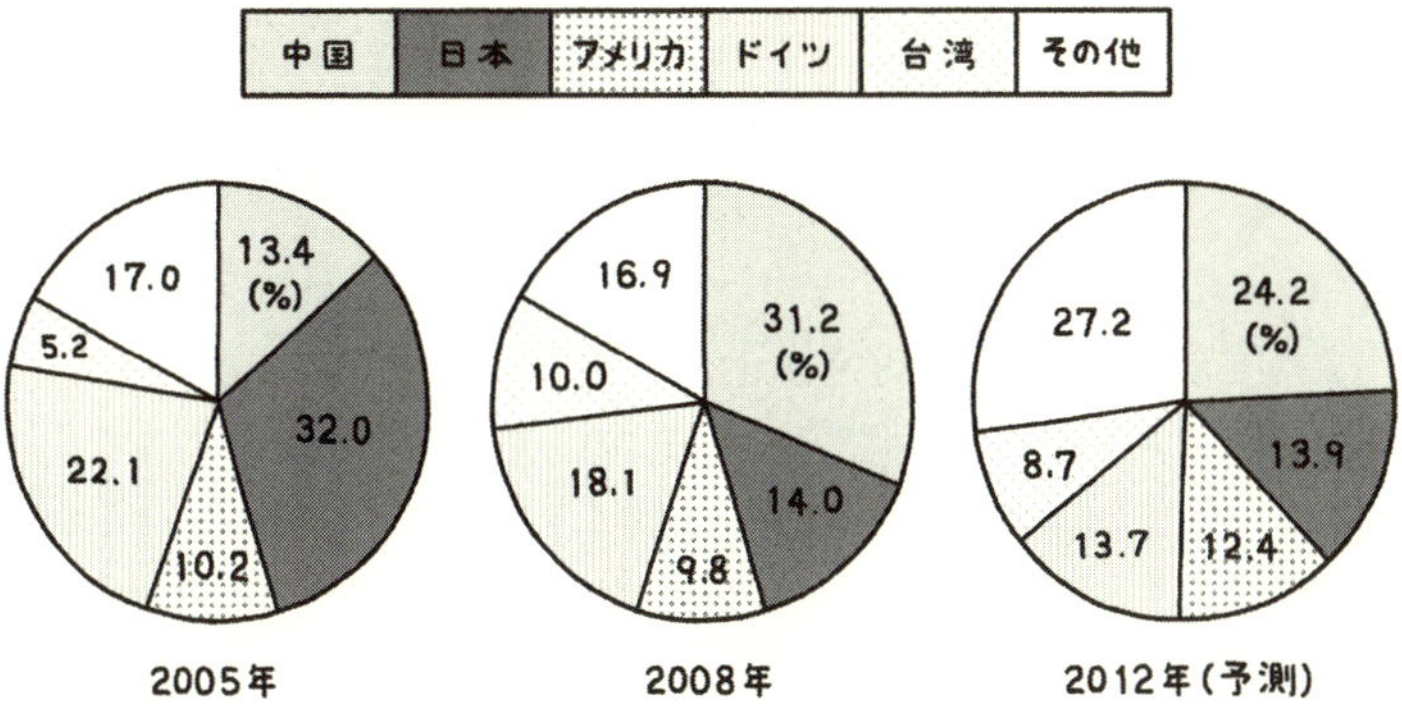

※PV Fab Database 2009-1 日経マーケット・アクセス

もうひとつは、太陽電池の弱点を考えてください。

太陽電池は、雨の日は晴れの日の約十分の一しか電力を起こすことができません。ですから、「雨の地域には、晴れている地域から電気を送る。それをシステム化しなければならない。太陽電池の実用化には、その課題のクリアが必須《ひっす》である」ということです。

全国の雲の様子を見ていると、北海道が晴れでも本州や九州は雨、あるいはその逆ということがありますね。このため、全国をネットワークでつないで電力を融通《ゆうずう》するシステムが必要となるのです。

しかも日本の場合は、西日本は六〇サイクルで、東日本は五〇サイクルの電気が使われています。これは、電気を大量に行き来させるには、少々不便といえます。

だから、いまのうちから、きちんと全体に電気をいきわたらせるようなグランドデザインが必要ですよ、ということです。

そして、このグランドデザインに従って実際のネットワークを作ることにはかなりの時間がいりますよ、ということです。太陽電池だけ大量に作ってもネットワークがうまく働かないと、せっかく起こした電気が無駄《むだ》になるし、使いたくても使えない場所ができてくるのですから。

もちろん、日本のみでなくて、世界中に、どのように電気を送ったらいいのかのモデルを、システムごと輸出できるようになるといいなぁ、とも考えています。

このように「実際の」普及には時間がかかる……。つまり、だんだん、太陽電池の量を増やしていきましょう、という程度のスピードでは遅すぎる、とぼくが考えているのは、そのような理由からでもあります。


そしてもうひとつ。

チャンスと危機は常に隣り合わせです。

これまで、日本は、「太陽光世界一」にいちばん近いところにいました。

しかし、日本がいま実行しようとしている普及のスピードと中身は、「世界一」へ向かっているとは言いがたい状況です。

これまでの産業をふりかえってみても、日本は多くのチャンスを逃してきましたよね。

ケータイ電話はその好例です。

ダントツの世界シェアを誇っていた日本のメーカーでしたが、気がつけばヨーロッパ諸国にそのシェアの大半をもっていかれました。世界に向けたシェア拡大の対応が遅れたためです。世界が求めていたのは高級で多くの機能が付いたものではなく、安価なものだったのです。いま日本のケータイ産業はそのことに気がついています。もう一度、失地回復《しっちかいふく》にガンバってほしいと思っています。

このように、これまでの日本を見ていると、先行している技術を活かしきれていない例もあります。同じことを太陽電池で繰り返してはいけない、とぼくは強い危機感を抱いています。

しかも、この日本が先行する技術は、新しい文明をも切り拓《ひら》く可能性を持つものなのですから。

ぜひとも、太陽電池の普及のスピードを上げなければいけないと思っています。

いま**日本は、新しい文明の主導的位置に立つ可能性と、そこから落っこちてしまう可能性の、その両方の道へと分かれ行く岐路《きろ》に立っている**のです。

太陽電池の普及は、「貧困」をなくしてくれるもの

このような時代の背景があるからこそ、きちんと、太陽電池の産業を興《おこ》してゆきましょう、と伝えたいのです。

産業を興したらこういう良いことになります、ということも、これから伝えてゆきましょう。

太陽電池の効果は、**「地球の地表面積の一・五パーセント」に、太陽電池パネルを貼れば、世界中の七十億人が「アメリカ人と同じくらいの裕福なエネルギーを使えるようになる」**というものです。

地球の地表面積の一・五パーセント。

これは、アメリカ合衆国の面積の五分の一ほどです。

大きいといえば大きいのですけれど、「地球の砂漠の中の約七パーセントに貼りめぐらせたら、それと同じ地表面積になります」と聞いたら、「それなら、できないことはないんじゃないかなぁ」と、思いませんか。

あるいは二千年前に九〇〇〇キロメートルの万里《ばんり》の長城《ちょうじょう》を築いたことや、一五万キロメートルのローマ街道をヨーロッパの主要都市に張りめぐらしたときの工事の大変さを考えたら、とてもやりがいのある目標だとは思いませんか。

その実現のためには、予算も、期間も、けっこう必要ではありますが、世界的プロジェクトとして、かなり現実的な建設事業ではないか、ととらえています。

とくに若い世代にとって、とてもやりがいのある仕事になるような気がします。

というのも、この建設によって、人間社会のエネルギー源を根本的に変化させてしまえるなんて、すごいことではないですか。

世界の七十億人が、平等に、「アメリカ人と同じくらいの裕福なエネルギーを使えるようになる」という世界の実現は、**世界で最も問題になっている「貧困《ひんこん》」がなくなる、**ということでもあります。

いまでは信じがたいことではありますが、日本も、昭和二十年代までは、ほとんどの人たちは貧困の渦中《かちゅう》であえいでいました。

しかし、石油のエネルギーを十分に使えるようになってからは、日本の中から貧困は、基本的にはなくなりました。

貧困をなくすことというのは、エネルギーが増えたら、すぐに実現できてしまうことなのです。工業化時代においては、エネルギーの消費量と生活の豊かさを示すＧＤＰとはほぼ比例関係にあるのですから。

それから、「貧困がなくなったら、人口爆発もなくなる」というように、社会はどんどん変化していくことが予想されます。

これは各国のＧＤＰと出生率の関係をグラフにしてみると明らかです。人口爆発が起きているのは、農業の働き手が必要な発展途上国が主です。

「貧困の渦中を抜け出ると、子どもをあんまり産まなくなってくるという現象は、今後、低開発国の中でも起きてくるだろう……」

つまり、世界中の生活レベルをあげることが、人口爆発を防止するためのひとつの方法にもなるわけです。

品種改良や遺伝子組み換えのような、技術を用いた農業の成果をどんどん増やして収穫量を大きくする、ということも、貧困対策では大切です。けれども、「エネルギーをたくさん供給することで、水を引き、機械を使った耕作を行ない、肥料の生産も増やすことができて、農作物の収穫も多くすることが可能になって、現実の貧困をなくせるのではないか」という議論も、これまで、あんまりなされていなかったがゆえに、今後は必要な議論なのではないだろうか、と思うのです。

それから、紛争の原因の中にも、経済格差というものが、かなり大きい割合としてあります。

裕福な地域と、裕福になりつつある地域との紛争は、かなり、多いといえます。

そのような**紛争も、世界のどこの地域も裕福になったとしたなら減っていくはず**……と考えています。

また、環境問題も新しい角度で議論を行なうべき段階にきている、と言えるでしょう。

二酸化炭素排出規制の議論というのも、もちろん必要です。

が、政治や行政の分野で政策を作る過程では、

「旧来の産業をそのままにしながら『二酸化炭素の排出目標』などを決めるよりも、エネルギーの根本的な改革、つまり、太陽電池をどの地域からどのように普及させてゆくのがいいか」

という観点から見るほうが、ずっと、真の意味での建設的な議論になるのではないか、

と思います。

エネルギーの源そのものが変化するんだ、という議論ができれば、これまでと、まるで異なる次元の話し合いをすることが可能です。

つまり、**太陽電池の世界的な普及をにらんだ議論**さえできたら、これまでの環境問題とちがう議論ができるのです。


その兆候はすでに見えてきています。

ある日の『日本経済新聞』を何気《なにげ》なく手に取ってみても、二〇〇九年三月十五日の一面で、「太陽電池、携帯の電源に」というタイトルで、携帯電話やパソコンの電源に使用できるフィルム型の太陽電池の開発が、話題になっていました。こちらは、二〇一〇年から販売が始まって、一一年には年に三億円ほどの売りあげを見こんでいるとのことでした。

それから、〇九年二月二十二日の『日本経済新聞』にも、「太陽電池はまた昇る」というタイトルで、〇八年に太陽電池の出荷量が前年に比べて三六パーセント増加した、と記事になっていました。

○八年、主にヨーロッパ向けである輸出用の太陽電池の全発電能力は、九二万五〇〇〇キロワット、と前年に比べて四六パーセントも伸びています。

太陽電池がどのように普及していっているか、という報道に、これからも、目を光らせておいてください。こうした変化は、これからの**第二の産業革命**につながってゆくものですから。

新しいワクの生まれやすい時代

話は変わりますが、数奇屋《すきや》造り、書院《しょいん》造り、ロマネスク様式、ゴチック様式、バロック様式——そうした建築の新しいワクというのは、たいてい、生まれるべくして生まれています。

新しいワクの生まれやすい時代というものがあります。

大きい戦争とそれに続く政治体制の変化のあと、ほとんど必ずといっていいほど、「農業、食糧確保にチカラをいれなければならない」という時期があるものです。

それで、だんだん、生活に余裕が出てきて、食生活に困らなくなってきたら……その次に、子どもに教育をほどこす、という時期がきます。

そして、その子どもたちが大人になったころ、より大きめの産業を興すことになります。それによって、社会に資金が蓄積されていき、ついには「町づくりをしよう」となっていくようです。

日本でいえば、いまの京都の数々のお寺さんが建てられたのは、「江戸幕府の三代将軍・家光の時代」です。

多くの人は、現在の京都のお寺は平安時代にできたと思っていますが、本当は、このころに建てられました。

室町時代の終わりになって、政治が乱れて農業生産が落ち、戦国時代が始まりました。戦国時代の締めくくりとして関ヶ原で天下分け目の戦いがありまして、江戸時代がきます。

するとまず農業に精を出して、だんだん、食生活も改善されて、資金も蓄積されてくる……。家光の時代に鎖国令《さこく》も出され、日本人は全員、どこかのお寺さんの檀家《だんか》さんになりなさいよ、となったために、全国から寄進《きしん》が集まっていったわけです。

そこで、このお金を使って建築の新しいワクが生まれていった、ということなのです。

この時代に、書院造りも完成しました。書院造りは、お寺のような、いわば、公共の建てもののワクとしてできたものです。同じ時代、生活のための建築のワクとして、数奇屋造りが確立しました。これがいわゆる、和風建築の原型です。

それで、いまの時代の世界中の建築のワクは、いってきたのかというと……これは、一九三〇年前後に始まった、アメリカの建築のワクでできています。

それまでの、「天国にいくために屋根をトガらせる」という旧来のキリスト教信仰に影響されたままのヨーロッパの建築物のワクを超えたものが、そのころから、作られ始めたというわけです。

一九二六年のエンパイア・ステートビルは、まだまだ、いちばん上は、トガっていましたよね。

でも、一九三二年にできたロックフェラーセンターは、スパッと屋根が平らになって、キリスト教の影響の薄らいだ時期ならではの合理的な建築になってきます。

それが、もっと都市部にたくさんの人の住める建築にしよう、という時代に合っていたため、その後の世界のいわゆる近代建築、高層ビル建築は、だいたい、屋根が平らになっていったわけです。

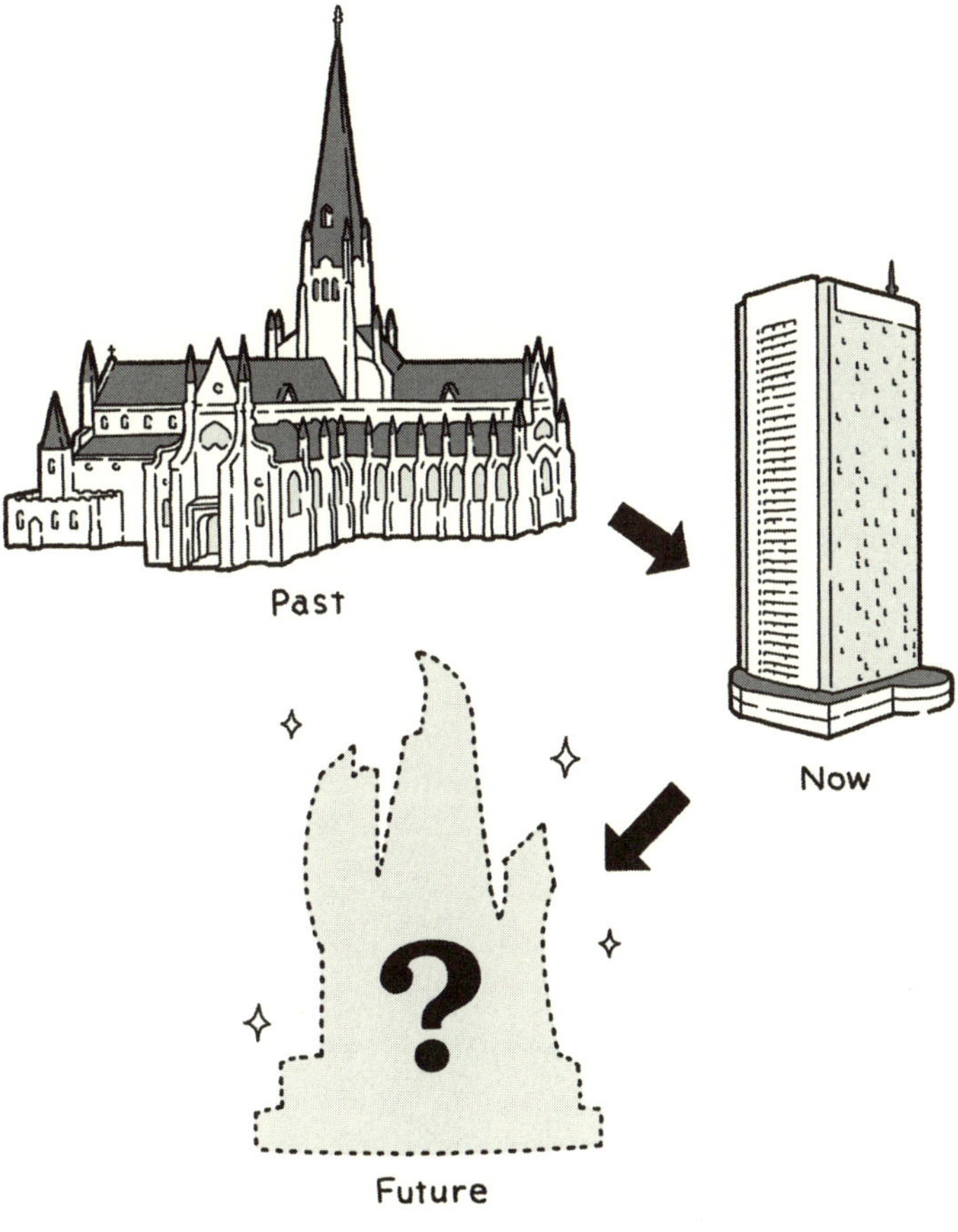

建築様式の過去、現在、これから——新しいワクはどんな形?

この時期のアメリカは、十九世紀なかばの南北戦争で国土が荒廃《こうはい》したのちに、農業をやり始めて、それが発展して農作物の輸出国になることができたという時代背景がありました。

それでイギリスにどんどん輸出をして獲得《かくとく》した資金が蓄積したので、ヨーロッパから製鉄法や自動車などの新しい技術を輸入して自前の技術として育てていきます。

これが二十世紀初頭のことです。

こういうふうに、新しいワクを作るための基礎ができた段階で、アメリカの裕福な家の子どもたちは、ヨーロッパに留学します。

やがて、帰国した人たちが、もっと創造的な仕事をするようになります。

こうして準備が整ったところで、「新しい都市を作りたい」という欲求が沸《わ》きあがりました。

そしてできたのが、マンハッタンです。

いまは、二回目の産業革命を迎える時代である

こういう目線で、いまの日本のことも、ながめられると思いませんか。

昭和二十年の段階では、日本の土地は、戦争ですっかり荒廃してしまいました。戦争が終わったとき、日本は飢餓《きが》のきわみにいました。まずは子どもたちにごはんを食べさせなければならなかったわけです。

そうこうするうちに、だんだんと余裕が出てきました。

それで、教育もやりましょう、ということで教育されたのが、団塊《だんかい》の世代です。ぼくも、そのひとりです。

いわゆる高度成長期には、外国からの技術を導入して、安価な労働力でいいものを作ってきました。

その結果、日本にお金が貯まります。

お金が貯まったのだから、本当は、そのお金で新しいワク、もっと別な言葉で言うと「様式」を作っていくことになるはずです。さきほど述べたマンハッタンの例のように。

でも、現時点で、そういう「新しいワク」の出てきそうな雰囲気《ふんいき》はあまりありませんよね？

それは、とても残念なことです。

いま、建築として造られているものって、よく考えてみたら、ロックフェラーセンターをタテに伸ばしたものか、ナナメにしたものか、ちょっと丸くしてみたものか、という程度のものです。

つまり、造られているいろいろな建築物は、新しいといっても、ワクとしては、基本的に前の時代とほとんど変化のないものなのです。

新しいワクが、日本から飛びだしてきてほしいなぁ……と、そういうメッセージも、この本にこめて、語っているつもりです。

日本には、千五百兆円もの金融資産があると言われているほど、資金は、メチャクチャ貯まってきているのです。

これを、ちゃんと有効に使うことができたら、新しいワクも生み出すことができる。

それで、社会も変えることができる。

そういうチャンスにあふれた時期が、現代なのです。

それから、新しい様式ができる時期には、「社会的な要請《ようせい》」というのも、必ずあります。

なぜ、マンハッタンのあのビルの形ができたのだろうか。

それは、効率よく、多くの人が都市に住めるようにしようという社会的な要請のある時代だったから、なんですよね。

キリスト教の時代の、「どのように信仰を深められるのだろうか……」とは異なる角度の要請に、建築の意図が向かうようになったわけです。

注目してほしいのは、新しいワクが生まれるときの社会的要請というのは、わりと「ネガティブな要素」だということです。

つまり、「困ったなぁ、ヤバイなぁ、変えなければ、もうやっていられないよなぁ……」という「しょうがない」ことが理由で変化するものも少なからずあるのです。

たとえば、ヨーロッパで下水道がかなりちゃんと整備されている理由は、ペストの影響があったからです。

現代人であるぼくたちはペストのコワさを知りませんが、ルネッサンス以後のヨーロッパでは、人口の何割かがこれで亡くなる、というぐらいに大変で強烈な病気でした。

ペストは、アジアの西のほうの風土病だったものが、東西の貿易が盛んになったことによって、ヨーロッパに伝染したものだと言われています。

ペストがきちんと医学的に解明されていなかったころから、これから逃《のが》れるためには、「どうやら、下水道をちゃんと造るのがよさそうだ……」と、経験的にわかるようになった。そうしてヨーロッパの都市では、下水道がたくさんきちんと造られてきたわけです。

このように、「しょうがないから発展していった」という変化も、ずいぶんあるものなのですよね。

ということで、ぼくのいいたいことは、**もう日本が中心となって変わっていくための機は熟している**、ということです。

資金、貯まってきました。

技術、蓄積されてきました。

ネガティブな要因としては、環境問題、温暖化問題、エネルギー問題もあります。

そこで、建築家にも、社会全体の生《なま》の声として、「これから求められる、新しいワクって、こうなんです」と伝えてゆかなければ、建築家は、これまでどおり、鉄とコンクリートとエレベーターの建築物を造ってしまいます。

でも、社会全体の声を伝えてゆきさえすれば、建築にしても、ワクそのものも、変化させることができます。

それを、まずは、意識しておいていただきたい。


同じように、エネルギーがタダみたいになったらいいという変化も、これまでのやり方でやってきた産業のことを気にしてばかりいたら、なかなか、変えられないものです。というわけで、いろいろなものごとに変革を加えられる人は、どの時代にあっても、保守本流の環境にいる人物ではありません。

明治維新にしても、薩長土肥《さっちょうどひ》という、いわゆる「中央」から離れた人たちが行なうことができたわけです。

ちなみに、当時、西日本では、もともと江戸時代の初めに決められていた石高《こくだか》に比べて、もっと、たくさんコメが取れていました。

そういう余裕が出てきた余力でもって、革命のエネルギーが生まれた。このような要素もあるわけです。

だから、**変化というのは、保守本流でもなく、かつ、脆弱《ぜいじゃく》というわけでもない立場の人でなければ、成し遂げられないところがある。**

メインの周辺にいる、そこそこ強い力を持った人が、世の中に変化をもたらすのです。

世界の歴史の中で日本は、主役を演じたことがありませんでした。

古くは中国からの文明を輸入し、明治以後は西洋のものを取り入れて社会を成長させてきました。この間、日本は世界の中心からはずっと脇役《わきやく》でした。

それがいつの間にか、技術の世界で最高の発明をし、それを産業として成立させる力を持つようになりました。

つまり、いまの日本は、世界から見れば、明治維新前の薩長土肥のような位置にあると言えるでしょう。

世界的に大きな革命を起こすための力を十分に貯《たくわ》えているように見えるのです。

だから、チャンスなのです。

それに、そこでの変化は、昔の革命のように、誰かひとりだけの勝者が出るというものではありません。

世界中が等しく豊かになれる、新しいタイプの変化です。

いまの日本には、この革命を成し遂げることができる蓄積と、潜在力とがあります。二十世紀型の社会が行きづまりにきているという時代の要請もあります。日本にこのような力があると気がついている人はおそらくほとんどいません。

しかし、日本と日本人が作っている社会をながめ直すと、これは、まぎれもない事実だと思えてくるのです。

そして、現代の革命において原動力になるのは、ほかならぬ世論《よろん》という皆さんの声、本書をお読みいただいている皆さん一人ひとりの声だと考えています。

これについては、第4章の最後に詳しく述べる予定です。

2

未来は、電気自動車の中にある

「エネルギー問題」への回答を詰めこんだ電気自動車ができた

ここからは、電気自動車の開発を通じて、ぼくが「あ、なるほど」と、脱「ひとり勝ち」文明について考えてきたことを記していこうと思います。

電気自動車が新聞などでたくさん報道され始めたのは、二〇〇八年にガソリンが高騰《こうとう》したときからではないでしょうか。

たとえば、『日本経済新聞』の〇八年六月七日の一面では、「環境車、ガソリン高で普及期に」というタイトルで、世界的なガソリン高で、ハイブリッド車や電気自動車のコスト競争力は急速に高まっているところだ、と書かれていました。

エネルギーの費用は、ハイブリッド車ならガソリン車の半額、電気自動車ならガソリン車の十分の一です。

まずは、「四十万円ほど高いけれど、乗っているうちにモトが取れるようになる」と、維持費《いじひ》がかからないというところで、注目をされてきたわけですよね。

もちろん、

「環境対応車だから、ハイブリッド車は二酸化炭素排出量ならガソリン車の約半分」

「電気自動車の二酸化炭素排出量はゼロ」

といったことについても、同じ日の『日本経済新聞』の別の記事に、ちゃんと書かれていました。


いま、ぼくの研究室には、ぼくたちが開発をしてきた「エリーカ」という電気自動車があります。


これは、三十年間ほどの「エネルギー問題」「電気自動車」の研究についての、

「こうすれば、未来のクルマとして、いいのではないだろうか……」

という提案を、全て、詰めこんでみたものです。


ちょっと大袈裟《おおげさ》にいうのなら、脱「ひとり勝ち」文明へと世界を導いてゆく「未来の縮図《しゅくず》」が、この「エリーカ」という電気自動車なのです。

電気自動車は、二十世紀技術を効果的に使った「未来の縮図」

なぜ、ぼくたちの開発した電気自動車「エリーカ」は、未来のイメージを考えるうえでの、「未来の縮図」というか、「モデル」というか、「叩《たた》き台」にもなるのか。

単純にいえば、それは、「二十世紀末に実用化された技術を、全て、しかも効果的に使ったから」です。

これは、いままでの電気自動車と、ぜんぜんちがう角度で開発をしたからできたものです。

これまでの電気自動車、あるいは、これまでの環境対策の技術というのは、「何かを犠牲《ぎせい》にしなきゃ、環境問題は解決できない」「何かをあきらめなければ、環境対策なんてできっこない」と、引き算の発想で考えられていました。

この前提は、技術として「退化」を意味しますから、ワクワクしないのは、当たり前です。

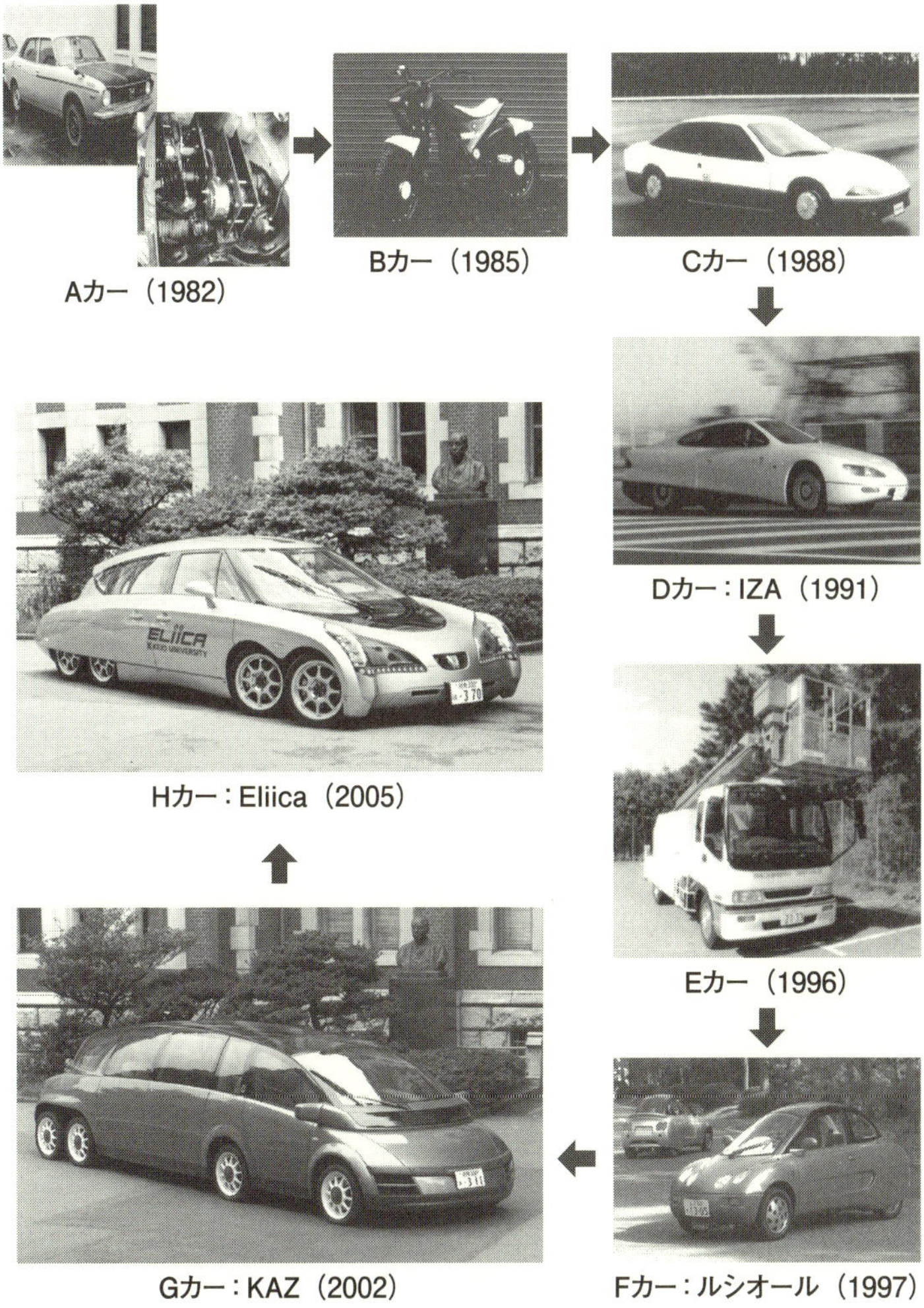

著者が開発に関わった電気自動車のこれまで

（　）内の数字は開発年

でも、そうじゃない、とずっと思っていました。

新しい技術というのは、「社会によろこばれるもの」で、しかも、「これまでの問題を解決するもの」でなければ普及しない。

これまでの電気自動車は、「この延長線上に、自分の欲しいクルマがある」というふうには思えなかったわけです。

「残念だけど、このクルマを使わなくちゃいけないのかぁ……環境が悪くなるからしょうがねぇなぁ」という世界でしたね。

だけど、エリーカは、

「このクルマなら、このクルマの延長線上で値段が安くなったら乗ってみたいよなぁ」

という、初めての電気自動車です。

それは、単体で、これさえあればなんでもできるというものではないけれども、ひとつの「未来の縮図」と言っていいのでは、と思うのです。

もちろん、ここにたどりつくまでには、たくさん、試作品を作ってみたんですけどね。

ぼくは、このエリーカというクルマに、バカみたいに、人間の欲求を発散させるような要素を、詰めこんでもみました。

「エコです、いいことしてます」、というところも超えたい、と思ったわけです。

それで、人間はなぜクルマを求めるのか、ということについて考えました。すると、

「速く便利に移動をしたい」というだけではないな、ということに気づきました。

「加速感」

「乗り心地」

「スペース」

こういう要素が、クルマを求める理由として考えられるでしょう。

それで、エリーカでは、これまでのクルマに求められたものを、よりよく、実現させることを狙い、実際に現実化させました。

しかも、その技術を実現できている理由は、二十世紀の量子力学の成果をもとにした部品を使ったから。となれば、ちょっと、ワクワクしませんか？

リチウムイオン電池、モーター用のネオジウム—鉄磁石《てつじしゃく》、性能のすばらしいトランジスタ……。そうしたもので、機能の面でもかつてのクルマを上回《うわまわ》れたわけです。

いま話したような開発のキモは、この「エリーカ」の台車構造の中に、全て入っています。

車輪の中にモーターが入っていますから、効率がよくなって、車体も軽量化されて、クルマの中の空間を十分に取れるようになりました、と。

それから、床の下に、非常に強い中空《ちゅうくう》状のフレーム構造を作り、その構造の中に、電池とインバーターとコントローラーなどを全て入れていますから、重心を低くできましたよ、と。

その結果、床の上で使える空間がすごく広く生まれました。

しかも、電池の容器とフレーム構造を一体化できるから、軽くもできています。

会話しかできなかった携帯電話が、メールやインターネットもできるようになって便利になった、ぐらいの大きなちがいが、これまでのクルマと比べるとあるわけですね。

床の下に全てを収納できるようになると、これまでのように、**「トラックとバスと乗用車はぜんぜんちがう構造」なんてことはなくなる**のです。

あれは、それぞれ、エンジンの位置がずいぶんちがうからこそ、「バスの座席は、ちょっと高くなっている」といったことになっているわけです。

エリーカで使った技術を用いると、トラックにしても床が低くなるのだから、荷物の積《つ》み卸《おろ》しがとても容易になりますし、バスも乗降がしやすくなる。使いやすさは格段に

エリーカの集積台車

台車構造に必要な全ての部品が収納されている。

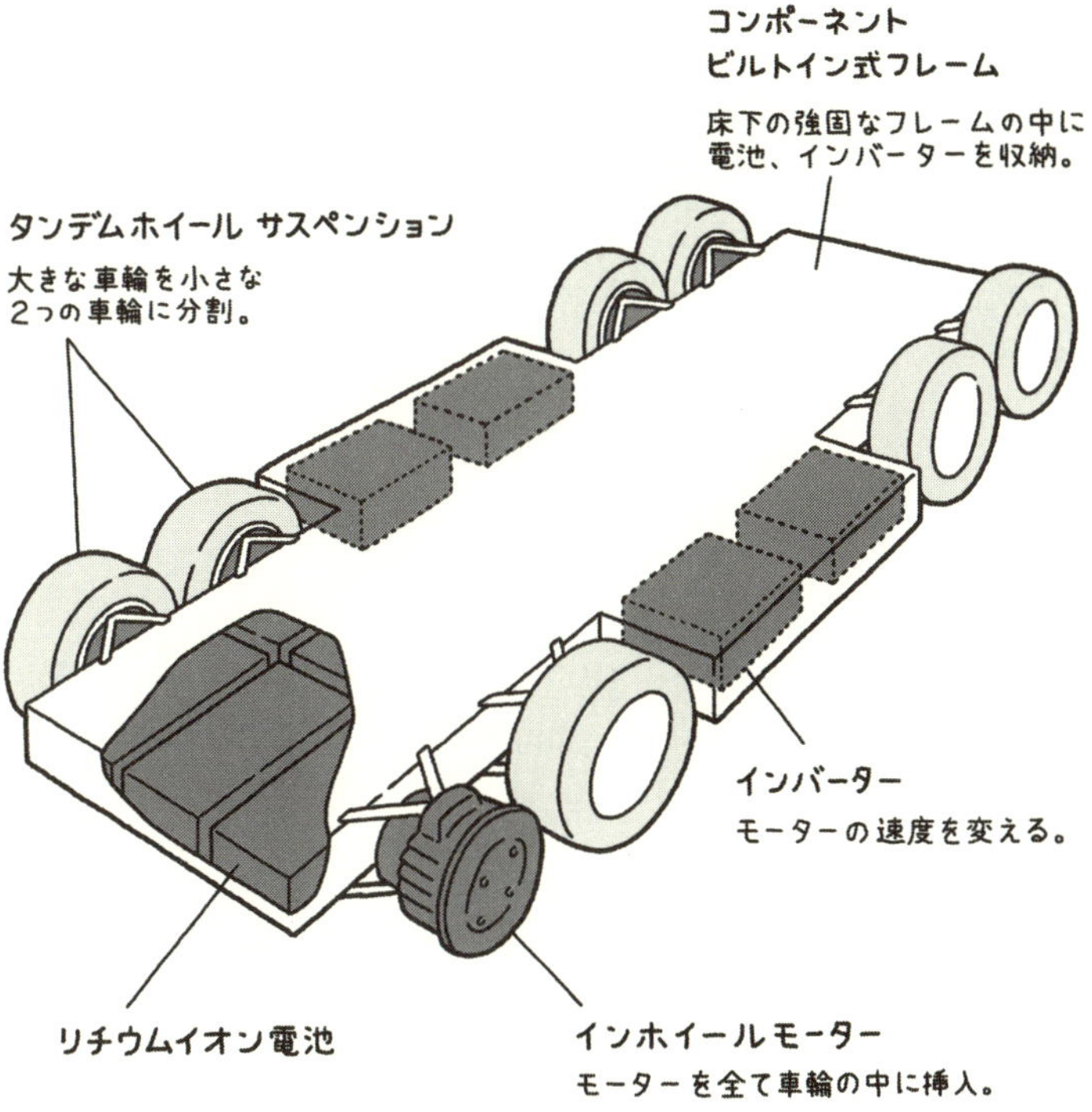
コンポーネント
ビルトイン式フレーム
床下の強固なフレームの中に
電池、インバーターを収納。
タンデムホイール サスペンション
大きな車輪を小さな
2つの車輪に分割。
インバーター
モーターの速度を変える。
リチウムイオン電池
インホイールモーター
モーターを全て車輪の中に挿入。

よくなります。

乗用車も、床の下に主要な部品の全てが入るとなれば、いま、流行のワゴンなんかよりもっと広い、クルマの中で人が立つことができる、なんてものになるわけです。

立てたら、かなり快適ですよ。移動のストレスは、ずいぶんと軽減できるはずです。

人間は、クルマを捨てられない生きもの

文明論の中には、必ず、

「昔みたいに、機械を使わなければいいんじゃないのか」

「移動手段そのものを、自転車のようにエネルギーを使わないものに変化させればいいのではないか」

「クルマをなくしちゃったらいいんじゃないか」

という「文明否定」の意見が出てくるものです。

けれど、実際のところ、文明は逆行できにくいものです。

「クルマ」というのは、とくに、人間が捨てにくいものです。

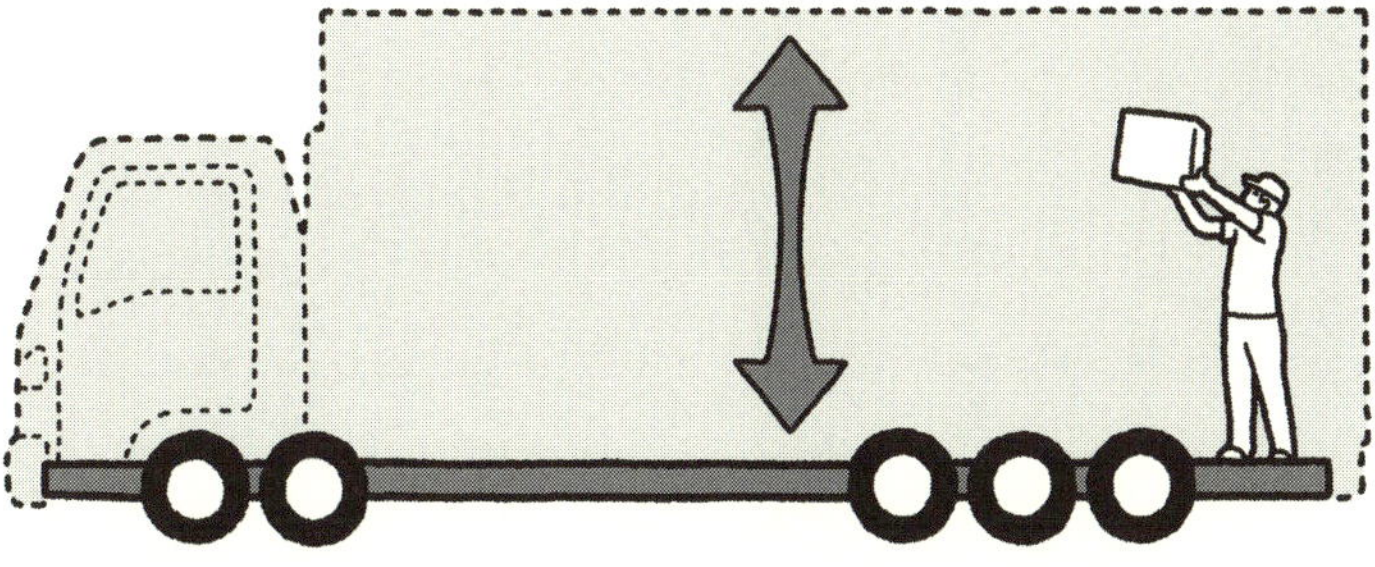

TRUCK

BUS

CAR

電気自動車では、トラックもバスも乗用車も同じ構造に。
車内で人が立つこともできる。

なぜでしょうか？

人間は、四足歩行から二足歩行に進化することによって、ものすごくたくさんのことも獲得しましたが、二足歩行によって失ったものは何か、を考えればわかります。

それは、「移動のスピード」です。

これだけは、二足歩行によって喪失《そうしつ》してしまったわけです。

犬と競走して、勝てますか？

勝てないです。

一〇〇メートルを九秒六九、スゴイ！　とぼくたちは騒《さわ》いでいますけど、動物の世界記録は、そんなレベルではありません。

つまり、アタマがよくなったり、道具が使えるようになったり、**いいものばかりの二足歩行の中で、唯一《ゆいいつ》、人間が喪失したものこそ、「移動」なのです。**

ですから、移動の道具は、人間が捨てられない大切な技術なんですね。

クルマは、足の代わりをする道具ですが、それは、目の代わりをするテレビだとか、耳の代わりをするオーディオだとかの道具に比べて、「捨てにくい」ものです。

渋滞《じゅうたい》などの不自由なことをクルマは引き起こすけれども、それでも、どうしても乗りつづけてしまうのも、「時速四キロ」の自分の足のスピードの遅さに、耐えられないからなんです。

これは、根源的な欲求なのです。

ですから、環境問題を考える際、クルマを規制したり、という方向で考えるよりも、スピードへの欲求をさらに満たしていく形で、環境の解決をしていくべきです。

ということで、「時速四〇〇キロ」に象徴されるクルマを目指した電気自動車の開発をやってきたわけです。

クルマは、なくなりません。

しかも、いまのように、世界の人口の一割の人しか使えないというのではなくて、全員が使えるようになったほうが、「根源的な欲求」を満たすことができる。

それが、技術的には実現できる時代になるのだから、というふうにとらえて、開発してきました。

ガソリンの枯渇《こかつ》もあるし、二酸化炭素排出問題もあるし、やがて自動車はなくなるだろう。クルマが白い煙《けむり》を吹き上げ、走り回っていた時代がかつてあった。未来の人たちは過去を回想して、笑ってそう言うにちがいない。

そんなことを言う人もいるようですが、クルマ自体はなくならないのです。ただ未来においては、白い煙を吹き上げることはない、というだけです。**クルマが、誰かを不幸にしたり、犠牲にしたり、つまり、「ひとり勝ち」の産物だったものを、そうじゃないものにする。**

しかも、もっと快適な道具に変えてゆく。それができたら、いつのまにやら、「豊かさ」も求められるうえに、「エネルギー問題」も「環境の問題」もクリアできてしまう。

そういう時代が、きちんと手順を踏めば確実にくるんですよ、ということを伝えたいのです。

東京から名古屋まで、電気自動車なら三百円で走れる

この「エリーカ」は、携帯電話や、パソコンに使用されているようなリチウムイオン電池を大型にして、しかも安全性が高くなるように改良したものをエネルギー源にして

います。

ブレーキを踏んで減速をしたときには、充電もできてしまうのですから、エネルギー効率は、とてもいいんです。

それで、百円の電気料金で一〇〇キロ走れるのだから、東京から名古屋までの三〇〇キロほどは、三百円の電気料金で走行できます。

それから、**ガソリンの時代である、いまの主流のクルマではできないことを、あれこれ組みこんであります**。

トランスミッションであるとか、プロペラシャフトであるとか、これまでのクルマに必ずあったようなものは、「エリーカ」にはありません。

モーターも、のちのち、詳しく説明しますが、八つのタイヤのホイルの中に入っています。

「トランスミッションやプロペラシャフトを中間にはさんでしまったら、摩擦《まさつ》で抵抗《ていこう》が生まれるので、エネルギーのロスが出てしまう……」

ということで、これらをまったく使わない電気自動車では、加速力の面でも、これまでのクルマよりも、いいものになっています。

エネルギー問題を解決するものって、「これまでよりも、能力はダメなんだけれどもねぇ……」というふうに、なりがちでした。

それを、「そんなことないですよ、性能も最先端になっていますよ」という挑戦をしています。

ガソリン車よりも性能はダメなんてもので、

「ただ、ガソリン自動車が改造されて、動力が電気になっただけ！」

なんていうクルマは、たくさんの人にとって、魅力的じゃないですものね。

この開発は、人に買ってもらうための電気自動車、つまり、「やはりガソリン車にないおもしろさがあるよなぁ」と思ってもらわなければならない、という視点で続けてきました。

しかも、ぼくの開発の方法は、「自分だけで、全ての技術を新しく作りあげる」なんて方法ではないからこそ、長い期間やってこれました。

実際、研究でハラハラドキドキという場面なんて、ほとんどありませんでした。

そのあたりの、たんたんと行なうからこそできること、そして、予算は十分かけるからこそできることも、これからの「エネルギー問題」を考えるにあたって、参考になるのではないかと思いますので、のちのち話してゆきたいと思っています。

「エリーカ」と他の電気自動車はどのようにちがうのか

クルマ社会の未来についてながめていくうちに、「誰でも、どんな国の人でも、どこにだって行ける交通手段」が必要だ、と考えるようになりました。先進国だけではなくて、あらゆる国の人が使うものとして。

それだからこそ、**「環境とエネルギーにとって、負担をかけるものではないクルマ」**が必要だ、と考えてきたのです。

しかも、そのための技術は、すでに、ぼくたちの目の前にあります。

そのために作ってみた電気自動車も、「エリーカ」という形で、すでに目の前にあります。

このあたりで、話をわかりやすくするために、いわゆる「環境にやさしい他の自動車」などと、「エリーカ」がどのような点でちがうのか、の補足をしておきます。

燃料電池自動車があったり、ハイブリッド自動車があったり、天然ガス自動車があったり、といろいろなクルマがありすぎて、「……で、結局、どうちがうのですか？」と、たとえば雑誌の記者の人なんかにも、よく聞かれます。

これは、第1章で、量子力学は簡単にとらえるほうがいい、といったのに近いような説明になります。

「クルマは、エンジンから力を得て走るか、モーターから力を得て走るかの、二種類しかありません」

まずは、このように大雑把に考えていただくのが、いちばん、わかりやすいでしょう。

全てのクルマは、そのどちらかが変化したものなんですよ、と。

その目線で、たとえば、トヨタやホンダの作っているハイブリッド車というものを見てみると、「モーターでアシストを加えている、エンジンのクルマ」と理解できるはずです。

つまり、ガソリンでエンジンをまわすクルマの燃費《ねんぴ》をよくするために、電気で動かすモーターでアシストしているのだ、と。トヨタのプリウス、ホンダのインサイトなどがハイブリッド車の代表です。

一方で、**電気自動車＝モーターのクルマ**、ととらえていただいて問題ありません。

その中でも、いちばんオーソドックスなのは、蓄電池《ちくでんち》。別の言葉で言うとバッテリーに電気を蓄えて走るクルマです。ぼくが携わっているものも、これです。

ハイブリッド車、電気自動車以外に、燃料電池自動車があります。これは、水素を燃料にして、燃料電池から電気を発電してモーターを動かすもの。そのようにとらえてみてください。たとえば燃料電池は、電池という名が付いているから一見、電気を蓄えるものと思われがちですが、水素を燃料にした発電機なのです。

この燃料電池は二〇〇〇年から最近にかけて大きな研究資金をかけて開発が行なわれてきましたが、効率がよくならない、資源の問題がある、水素を運ぶことがスゴくむずかしいという問題がどうしても解決できないことがわかってきて、研究・開発への意欲は急速に薄れています。

このように自動車を分類した上で、これから生き残る自動車は、蓄電池に蓄えた電力でモーターを回して走る電気自動車になる、というのが「エリーカ」を作ったぼくの考えです。

しかし、これから数年のあいだにクルマ会社から出てくる電気自動車というのは、構造はいわゆるエンジンのクルマのままです。

ガソリンで動くエンジンのクルマから、エンジンをはずして、代わりにモーターと電池を付けただけ、というようなものです。

すると、そうやっているかぎりは、電気自動車が本来持つことができる加速感のよさ、車体全体に占める客室空間の広さ、乗り心地のよさといった特徴が活かせません。特徴が活かせないようでは、社会の中で共感も広く得られないのでは？　と悪循環が予想されます。

モーターは、モーターの特徴を活かすような使い方をしたほうがいいわけです。ぼくたちの開発した「エリーカ」が、「コンセプトごと、電気自動車を作り変えました」というのも、それが理由です。

他の電気自動車にはないタイプのクルマになるよう、構造をゼロから変えたのです。それによって、最高速度が驚くほど速いことに加えて、「加速感」「乗り心地」「室内空間が広げられる」ということが実現できました。

2007年　太陽電池メーカー別シェア

順位	企業名	国	シェア(%)
1	Q-Cells	ドイツ	10.4
2	シャープ	日本	9.7
3	Suntech	中国	8.8
4	京セラ	日本	5.5
5	MOTECH	台湾	5.3
6	三洋電機	日本	4.4
7	Sun Power	フィリピン	4.0
8	Deutshe Cell	ドイツ	3.5
9	三菱電機	日本	3.2
9	First Solar	アメリカ	3.2

※米PV Energy Systems, Incより作成

太陽電池は、産業化のいちばんおもしろいところにある

話を太陽電池に戻しましょう。

太陽電池というのは、ごく数年前の日本にとっては、スポーツでいえば、かつての柔道や相撲《すもう》や剣道や将棋《しょうぎ》みたいなものでした。

ずっと世界のナンバーワン。

シャープ、それから、京セラ、サンヨー、と世界のナンバーワンからナンバースリーまでが続いていました。

だけど、二〇〇五年くらいから、ナンバーワンは、ドイツの会社に代わります。

その翌年になったら、世界の三位に中国

の会社が入ってきます。柔道みたいなもので、日本のシェアは、じりじりと、下がっているのが現状なのです。

太陽電池マーケットにおける価値は、「効率が一パーセントいいぞ」とかで決まるものではありません。

値段がものをいいます。

より安い太陽電池が、労働力の安価な海外の会社から出てきたら、日本の価格競争力がなくなってしまう……という状況に、いま、あるわけです。

現在、実用化されている太陽電池の効率は一五パーセントぐらいと考えてください。太陽のエネルギーの一五パーセントを電気に変えられるということです。この効率は、太陽光のうちの赤に近い光だけが有効に電気に変えられるというところからきています。このため、原理的に見て、いまの太陽電池は限界に近い効率にまできています。

この効率を一パーセントでもあげるのはかなり大変です。

利用者から見たら、効率を一パーセントあげて価格が一緒よりも、いまの効率でいいから価格がはるかに安いほうがありがたいのです。

いずれにせよ、日本の太陽電池はいま、「もったいないなぁ」という状況にあります。

それはなぜでしょうか？

その理由をお伝えするためにも、商品化にいたるまでに、技術が乗りこえなければいけない障害についての話をしますね。


技術の産業化というのは、ここ、という重要な時期があるのですが、まさに、太陽電池は、二〇〇九年現在、その時期をむかえています。


高度な技術の発明というのは、毎年、何万件もあるのです。

だけど、ほとんどの発明が、試作品を作りあげるというところ以前で、消えてなくなってしまいます。つまり、試作品にならない……。

これは、技術の言葉で、「**魔の川**」と、言われています。それだけ、渡るのはむずかしい、ということです。

しかも、試作品ができたのなら、もう、商品化できそうじゃないか、と一般の人は思いがちですが、そうではありません。この次に、技術の言葉でいうところの、「**死の谷**《デスバレー》」

という難所《なんしょ》を通らなければいけません。

どういうことかというと、試作品が商品化されるためには、

「信頼性」

「耐久性《たいきゅう》」

「安全性」

などについて、もう、あきれるぐらいの、いろいろな研究開発をやらなければいけないのです。

しかも、このところで、すごい時間も資金もかかってしまう……。

資金も時間もかけたのに、生き残らない。

「死の谷に、まっさかさまに落ちちゃうよなぁ」という意味で、デスバレーなんて名前がついています。

これ、戯画《ぎが》ではなくて、ほんとにデスバレーです。資金に余裕のないベンチャー企業なら、つぶれてしまうわけですから。

「エリーカ」という車はすでにナンバーももらって公道を走ることができます。しかし、つねに注意深くメンテナンスをしているからこそ走行が可能なんです。もし、これを商

発明発見から産業化の道のり

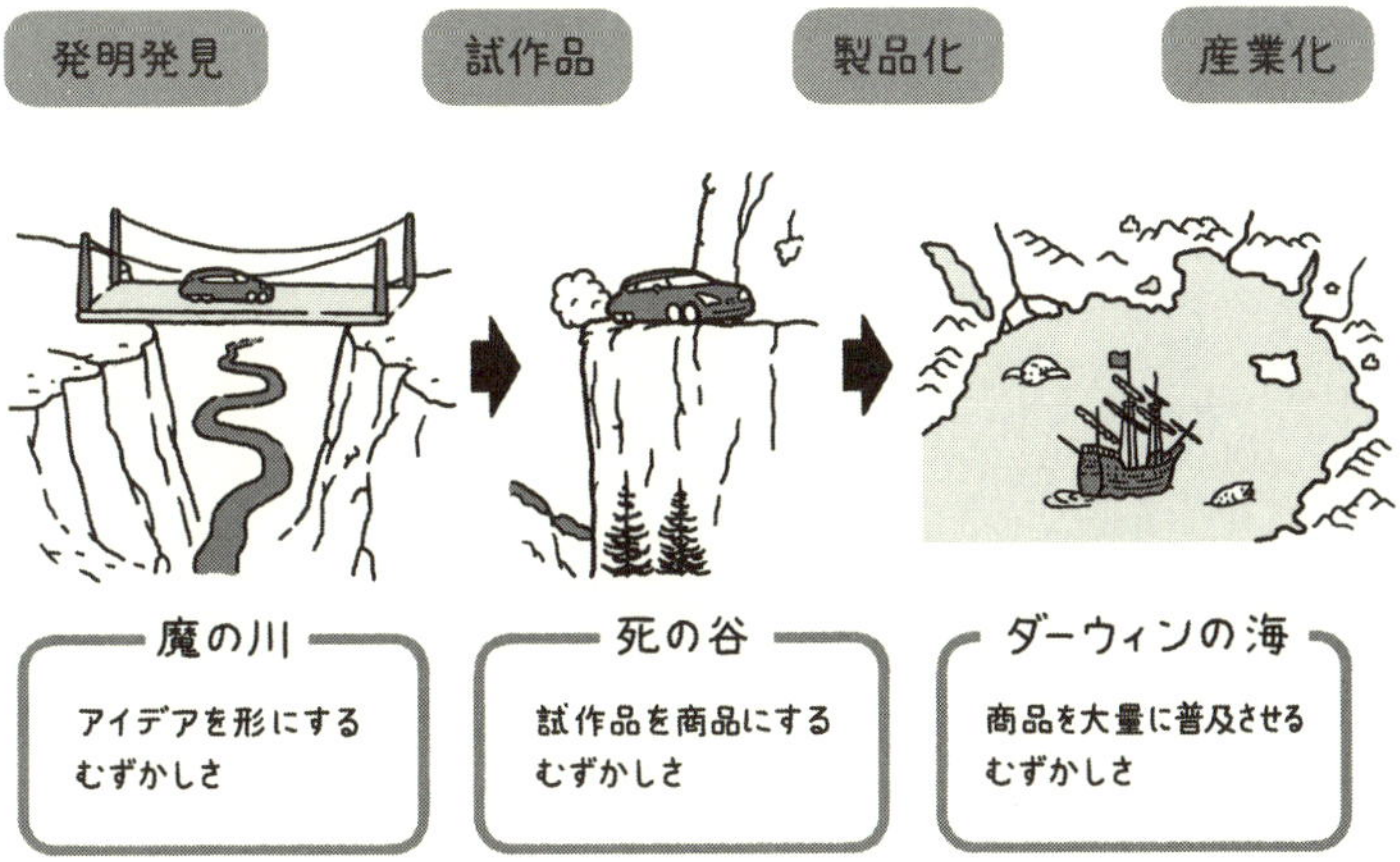

品として売ってしまったら、またたく間にクレームの山になります。そのため、これからデスバレーを渡る必要があります。

その次に、商品化ができた、というところにきますよね。

すると……技術の言葉でいうところの、**「ダーウィンの海」**が待っています。最後の障害が、出てきます。

これ、おもしろがって名前をつけているわけではありません。ダーウィンが初めて小さな船で冒険の航海に出かけたときに、嵐とか、まったくの無風とか、大きな困難が次々と襲いかかってきたことにちなんで、この名前がついているのです。

つまり、「少量生産がようやくできたぞ!」というところで、必ず、大量普及のための困難が出てくるということです。

値段であったり、他の競合商品であったり……。そこで勝たないかぎり、大量生産にはなりません。

大量生産にならない技術は、「マイナーなもの」として、消えていってしまう……。

つまり、この最後の障害を越えてこそ、「産業化」と言えるところにくるわけです。

ここで言う産業化は、人々がこれを大量に受け入れる技術に到達したということを指します。性能や機能が十分に高くなり、しかも価格の面でも、人々に受け入れられるところにまで達したもののことです。

これが達成されると、あとは大量の普及が待っているということです。

太陽電池は、まさに、この「ダーウィンの海」を越える直前のところにあります。ここまできたのに越えなければ、「もったいないなぁ」という状況にあるわけです。

ですから、ビッグチャンスですし、これを、みすみすスルーする必要なんてない。ぼくは、エネルギーの研究をしていて、そう、痛切に感じていました。

それに、太陽の光で発電したものをリチウムイオン電池に保存しておくということについても、大きなチャンスと言える理由があります。

リチウムイオン電池というのは、「今後、二十年ぐらいは、これ以上のすばらしい電池は出てこない」、最高峰《さいこうほう》の電池なのです。

この数十年の電池の技術の歴史を見ると、発明から産業化まで二十年ぐらいかかります。ですが、現段階で、リチウムイオン電池を超える発明はまだ出てきていません。

もし、出てきていたとしても、産業化、つまり普及するまでには、二十年ぐらいかかる……。

それも、さっき言った、

「魔の川」

「死の谷」

「ダーウィンの海」

を、通りぬけなければならないのですから。

そのように、技術を客観的に見ていくと、「いま、どの技術に、チカラをかけるべきなのか」というのは、すぐにわかるものなのです。

だからこそ、ぼくは、確信をもって、「太陽電池、太陽電池」とけっこううるさいぐらいに主張しているわけです。

太陽電池は、すぐに導入を始めるほど、いい効果を得ることができる

太陽電池については、「日本の建築物の屋根の全てにパネルを貼りつけたとしても、日本で必要な電力の二〇パーセントをまかなえるにすぎない。けれど、休耕地をはじめとして、使っていない土地を有効に使ったら、本当に日本は豊かになる」と、思っています。

ぼくの言っている、**電気自動車や太陽電池についての変化というのは、こうなったら、ラクになるというものばかり**です。

もともと、人間はラクをしたがるもので、ラクするために生まれてきた動物です。だから、ラクをすればいい……。

そのように発想した結果、地球環境の問題も迫っているという状況で、これからの世界中の人々がいちばんラクをできるのは、太陽電池の導入、ということなのです。

それこそ、「ひとり勝ち」ではなくて、みんなでラクをすることができます。

だから、早めに、導入をしたほうがいいんじゃないか……。むしろ、早めに導入をしなかったら、日本にとってはよいチャンスを逃すことになってしまうんじゃないか、という危機感を、ぼくは持っています。

そのため、太陽電池を大量に作ることが最優先課題です。

「太陽光のエネルギーから電力を得る効率が何パーセントあがりましたよ」とかいう研究も重要だけど、太陽電池を設置するための方法、ネットワークを作る技術、太陽電池を普及するための手段、というようなことのほうが時代的によほど重要になってきています。

というのも、いまの時点の太陽電池の効率で、価格が下がれば、十分トクできるものになっているからです。そこまできている以上、普及するための動きは、どんどん早めたい。

皆さんは意外に思うかもしれないけれど、**生き残る技術は、ひとつ**です。

そのひとつが、太陽電池であるということは、たいていの専門家ならわかっているわけです。このことは、97ページの「自然エネルギーの評価」を参照していただければわかります。

それなら、「従来のままの燃料だとか、さまざまな発電方法だとかを捨てて、早く、太陽電池の世界に入っていくべきじゃないのかなぁ」というのが、ぼくのメッセージなのです。

これまでの日本は、太陽電池、バイオ発電、風力発電、水力発電、火力発電、原子力発電……どれもこれもに「バラまく」というやり方で予算を投入してきました。そのため、国際競争力もないまま、社会もよくならないまま、という状況を招きかねないところにきました。

なぜ太陽電池が生き残る技術かというと、大量に作れば、他のエネルギーを得る方法に比べて、電気代がものすごく安くなるから、です。同じ社会で同じ時代に同じ目的を持った技術で生き残れるものってひとつなんですけど、それは、便利で価格の安い技術を、ほとんどの人が「コレを買いたい」と選択していくからです。

それから、**太陽電池を作るための資源は無限にあること、これを使うためにむずかしい技術もいらないこと、世界中のどこでも使えるということ、これを普及させるこ**

自然エネルギーの評価

		太陽電池	バイオ	風力	水力
前提条件	現実性	◎	○	◎	◎
	公平性	◎	○	◎	◎
	持続性	◎	○	◎	◎
必要条件	最大効果量	◎	×	△	△
	資源制約	◎	△	◎	◎
	環境調和性	○	×	—	◎
十分条件	新たな問題	◎	×	△	△
	限界コスト	◎	△	○	△
	利用の容易性	◎	○	○	△

太陽電池が生き残る技術である理由——

① 世界中のどこでも使える（公平性）。
② 未来にわたって使うことができる（持続性）。
③ 太陽電池だけで世界のエネルギーを全てまかなえる（最大効果量）。
④ 資源が無限にある（資源制約）。
⑤ 普及しても新たな問題が発生する心配がない（新たな問題）。
⑥ 他のエネルギーを得る方法に比べて、電気代がものすごく安い（限界コスト）。
⑦ 使うのにむずかしい技術がいらない（利用の容易性）。

とで新たな問題が発生する心配のないこと、こうしたことなども、主流になっていくための大きな理由にあげられます。

世界中の人たちに「ひとり勝ち」の世界を抜けたラクな現実を満喫《まんきつ》してもらうためには、電力の分野では、太陽電池がちゃんと生き残るだろう……という予測のもとに、集中していくほうがいい。

何回も言ってしまいますけれど、この二十年間で、どの発電が最も効果的なのかは、もうはっきり、太陽電池なんだ、と判明しています。

だから、生き残るための技術を早めに選択して、決心して、そこに国をあげて全力投球をする——。

それをすることこそ、脱「ひとり勝ち」文明の実現にいちばん近くなるのです。

それから、第1章でも言いましたけれども、いま、変化をしなければ、ドイツ、中国、シンガポールといった、あとから入ってきた太陽電池メーカーに抜かれてしまう危険性があります。

せっかく、太陽電池や電気自動車の世界では、日本はすごい能力を持っているのに、それはもったいなさすぎます。

それに、絶対に変わらない、それこそダメになると思いこんでいた世界が、ガラガラッと良いほうに変化していく様子を見たくありませんか。

この技術によってその変化が見られるんですよ、ということを、とくに若い人たちには伝えておきたいです。

エネルギー問題が解決すれば、かなりの割合で貧困がなくなってゆくのですから、「ひとり勝ち」の世界から、脱出できるのです。

世界中に太陽電池が普及して、そのうちの相当の分量が日本で作られるようになったら、日本のGDPも増えて、税収も大きくなって、その結果として、年金の問題も心配しなくたっていいことになる、なんて方向でも、とらえられることなのです。

太陽電池、電気自動車、それに第3章の末に少しだけ話そうと思っている自動運転……。

なに夢みたいなことといっているんだ、と思われるかもしれません。

けれど、二十年前には、

「携帯電話でテレビを見ましょう」

「携帯電話がパソコンの代わりになるんですよ」

と言っていたら、バカだろうと思われましたよね。

それと同じように、これからの、革命的な変化というのは、想像したよりも近いところにあるのです。

電気が大量に作れて、冷房や暖房のいらない春と秋には電力がほとんど余るようになれば、その余った電力をアルミニウムを作るための電力に使って、アルミニウムの値段を安価にすることができる。そうしたら、鉄とコンクリートだけでない、「アルミの押し出し成形材《せいけい》」でもって住宅もできるようになるかもしれないのです。

そんなふうに、未来の脱「ひとり勝ち」社会を想像するのはおもしろいことですし、ぜひとも実現してほしいです。

半導体普及の初期のころ、日本には巨大な電機会社が二社ありました。そのうちの一方は身軽だったため、すぐ、その生産を始められました。

しかし、もう一方はかつての、つまり前の主流だった真空管《しんくうかん》の工場をたくさん持っていたため、乗りかえるのに遅れました。それが、その後の両社の収益に大きな影響をもたらしました。

電気自動車や太陽電池のまわりでも、そのようなことが起こりえるのではないかと思います。

ですので、そのような話を、研究現場から、早めに言っておきたいと思っているのが、本書なのです。

「変われない理由もわかりますし、その事情ももっともですけど、そろそろ、変わったほうがいいですよ」

本書のメッセージは、単純にいったらこの一点なんですね。

3

「エリーカ」開発で見えてきたこと

人生の「タマ拾い」はしたくなかった

ここからは、これまでのぼくの研究のプロセスを簡単に話していきます。

「自分は、どのように、脱『ひとり勝ち』文明に気づいていったのか」

「どのように、エネルギー問題についてのスタンスが定まってきたのか」

ということも、お伝えできると思いますので、ちょっと、学生時代から振り返らせてもらいましょう。

ぼくは、宮城県生まれです。

オヤジは早稲田大学を卒業して、宮城県の師範《しはん》学校の教員に。それ以来ずっと仙台で生活をしていました。

仙台で母親と結婚をして、戦争に行って、帰ってきまして、生まれた子どもがぼく、ということになります。

ぼくはベビーブーマーの世代にあたります。

それで、東北大学の附属の小学校と中学校に通いまして、高校は仙台一高に行き、地元の東北大学に進みました。つまり、いま考えてみるとぼくは、イナカの「そこそこできるヤツ」としての標準的な生活を過ごしてきました。

秀才とか天才とかとは、無縁《むえん》のところで育ってきたのです。

これも、突出した能力でグンとものごとを推《お》し進めるタイプの「ひとり勝ち」のワクから、こぼれ出てしまうところです。

それは、あとから考えたら、よかったんじゃないかなぁと思います。

ただ、振り返れば、子どものころから、クルマは好きでした。

クルマが好きというのは、女の子の中にはお人形さんを好きな子がとても多いというようなことと同じで、男の子ではかなり「よくある」ことです。

他の子どもよりは、少しだけクルマが好きだったということでしょうか。けど、町でクルマをずっと見ていて飽《あ》きないとか、クルマの音が聞こえてきたら家から飛びだしてそのクルマを見にいくとかいう、そういう子どもではありました。

いま、ぼくの研究室のスタッフや学生たちも、けっこう、そういう少年時代を過ごしていたみたいです。ぼくもそうですが、彼らも、クルマの何が好きなのかと言われても、はっきりいって、わからないようです。

本人にも、わからない。

好きなものは、好き。

理由なんて、ない。

エンジンが好きなわけでもない。

運転することが好きなわけでもない。

やはり、女の子がかわいいお人形さんを持っていたくなるのと同じような感覚でクルマが好きなのだろうなぁ、としか言えません。

そういうことがありまして、小さいころから、クルマに関わる仕事は、やってみたかったのです。

ですから、大学受験では、当然のように工学部を選択し、機械工学を勉強しようと思っていました。

当時の東北大学では入試で学部を選択して、入学してから学科を決めていたのですが、入学後に迷いが出ました。

「オレみたいにアタマの悪いヤツが、クルマのようにむずかしいものを始めてもいいのだろうか……」

というのも、当時、成功体験というものを、ほとんどしていなかったのです。

ぼくは、高校時代も、大学時代も、バレーボールをやっていました。

高校時代のバレー部は、国体に出場するほど強かったけれど、レギュラーにはなれませんでした。

大学時代も、体育会系のバレー部でずっと練習していたけれども、やはりレギュラーにはなれませんでした。

まぁ、タマ拾いですよね。

これ、けっこう劣等感をかきたてられるものなんですよ。

オレってダメ人間だよなぁ、といった感覚が、わりとクッキリありました。

それで、大学二年になるときの学科選択で機械工学には行かないことにしました。

ただ、そんなに消極的ではいけないなと思って、大学二年生のころに、「……そうだ、勉強をしよう！」と、決心をするんですね。

ひとことでいえば、社会では、もうタマ拾いをしたくない、ということです。

「部活におけるタマ拾いのようなことを、これからの人生でえんえんとやるのは、もうたくさん」

ということで、受験が終わったら勉強をしなくなるというのが普通の大学生活ですが、ぼくは、受験勉強くらいの勉強を大学でもやってみよう、と決心します。

ここであえて「決心」と書きますが、大学生にとって、遊べなくなるというのはかなりの決心なんですね。

平日はバレーボールがありますから、長期休暇に入ったら、一日に、十二時間や十三時間は勉強をするようにしました。

そうしたら、効果がスゴくありました。高校時代は、まわりも同じぐらい勉強をしているから、まぁまぁ勉強のできるヤツというレベルでしたけれど、受験勉強の終わったあとにも、ひとりだけ勉強していたら、当然かもしれませんけど、グンと成績はのびたわけです。

その時代の勉強の感触が、いまにつながっているのだろうなぁ、とは思います。

みんなが横一線で戦っているときに同じように戦おうとして、「ひとり勝ち」を目指そうとしたら、うまくいかないんだけど、誰も戦っていない、まっさらな開拓地でがんばったら、けっこうすぐに結果が出るとわかったのですから。

そのおかげで、大学を卒業するときには、ぼくは、学科の中では相当に優秀な成績、ということになっていました。

学科は、応用物理を選んでいました。

クルマの分野に進まなかったのは、能力的な不安と同時に、当時、クルマの公害や事故の問題がかなり深刻だったからでもあります。

そんなクルマを、人生のテーマにしていいのだろうか、という迷いがありました。

それで、基礎的な勉強をしておいたら、まちがいないだろう、と物理、もっと細かく言うと力学や電磁気学や量子力学、あとは力学の派生として流体力学や材料力学とか、そういうものを勉強していました。

ただ、物理が好きで好きでたまらなくて、すごくいろいろなことをわかっていた、というわけではありませんでした。

プレゼンが人生の道を拓く

大学を卒業するころに、世界各国の科学者たち百人からなる「ローマクラブ」から、未来はどんなふうになるのだろうかという報告書が出ました。

その後、一九七二年に『成長の限界』という本が出版されて、詳しい未来の内容が伝えられました。

『成長の限界』によると……。

「二十世紀の終わりごろには、石油は枯渇《こかつ》する」

「大気汚染《たいきおせん》はどうしようもなくなる」

「人口は爆発する」

この内容に、世界はショックを受けたわけです。その直後に「オイルショック」もありました。オイルショックというのは、一九七三年、第四次中東戦争のとき、アラブ産油国が、イスラエル支持のアメリカなどに対抗して原油の値上げを行なったものです。七八年のイラン革命時には、第二次オイルショックがありました。

ぼくも、かなりショックを受けたうちのひとりです。

仙台という場所は、冬は、すごく寒いところです。もっと北のほうに行けば、しっかり暖房もされるけれど、仙台の家の造りは関東の北のほうと変わりません。そのため、冬はそうとう寒いわけです。

しかも、ぼくは、まわりの人よりずっと寒がり。

ぼくが子どものころの暖房は、木炭《もくたん》を使ったコタツ、でした。

そのうち、それが練炭《れんたん》に変わっていきました。

さらに高校ぐらいからでしょうか、次第に、石油ストーブを使うようになりました。

「コレで、ちょっと、冬がラクになったよなぁ」と思っていたら、その石油が間もなく、なくなると言うんですよ。

「うわぁ！　また寒い冬に戻るのかぁ！」

これは困った、ヤバイ、と思いました。

なんとかしなくちゃ……。これが、ぼくのその後の研究の原点のひとつになっています。

話をもとに戻しますと、エネルギーに関わることをやってみたいと思ったのは、『成長の限界』が、きっかけです。

この本が出てから四十年近くたちます。二十世紀の終わりには、限界はこなかったけれども、これまでのように石油を使い続けていたら限界がそのうちきてしまう、ということは、かなりの人が、いま感じていることですよね。

二十世紀の後半、ぼくが何をしていたかというと、大学院に入ってからは、当時、最先端だと思った、レーザーの研究を始めました。

具体的にいったら、非常に弱い光をどのように解析《かいせき》するのか、ということをやっていました。

さらに、その応用としてのレーザーレーダーという技術の開発をしていました。

まずは、レーザーの光を空に打ち出し、大気中に存在しているいろいろなものに当たって戻ってくる光を大きい望遠鏡で受けます。次に、この光を電気信号に変換すると、遠くの空気のどこに何があるのかを計測することができます。

ぼくはこのような技術の開発をしていました。この研究テーマについても、公害関係ということで、『成長の限界』がちょっと影響しています。

大学院生のころ、仙台でレーザーレーダーの国際会議があったときに、当時の環境庁の研究所の部長が聞きにきていて、プレゼンが終わったあとに、呼びとめてくれました。それで、筑波研究学園都市にある国立環境研究所、当時は国立公害研究所と言いましたけれど、そこに就職したわけです。

「キミのやっていることは、モノになるの？　もうちょっと、話を聞かせてくれないだろうか?」と質問していただいたので、この技術の話をしました。

何日か経《た》ってから、その部長の下にいる室長からぼくに電話があり、

「興味があったら、見学にこないか」

とお声がけいただきました。それが、国立環境研究所に就職するきっかけです。

ちょっと先の話になりますが、慶應義塾大学に入るのも、学会で発表したのがきっかけでした。

ぼくは、のちに電気自動車の開発を始め、自動車の分野で発表を何回かすることになりますが、反応があんまりよくなかったんですよね。

「あ、困った。それなら、エネルギーの分野で話をしてみよう」と頭を切りかえました。それで、エネルギー資源学会のエネルギーシステム・経済・環境カンファレンスという学会のポスターをちょうど見かけたので、じゃあここに申しこんでみよう、と発表をしたのです。

そうしたら、いちばん前の席で聞いていた教授に呼びとめられて、

「電気自動車なんてうまくいかないんじゃないかなぁ、と思っているんです。でも、アナタの話を聞いていると、うまくいくような気がするんだけど、ほんとなの?」

と、そのような質問を、学会の日の夕方の懇親会で受けました。

話をしていると、

「文部省の研究費の予算のワクのなかで、公募のグループもあるから、そこに申しこんでみて、研究をやってみたらどうか」

というようなことを言っていただいて、では、ぜひ、とそこに申しこんで公募で予算のワクをいただきました。

それから、何年もその教授とお付きあいをしているうちに、

「慶應義塾大学の教授になる気はありませんか……？」

というふうに話をいただいて、いまこうして慶應義塾大学に移って研究をしています。

声をかけてくださったのは、当時、東京大学の電気工学科の教授をしておられた茅陽一《かやよういち》先生です。

その意味では、プレゼンが人生の重要な道を開いてます。

プレゼンって、なかなか伝わりにくい悔《くや》しいものではあるけれど、でも、人生を変えるほど重要なんだよ、と学生にはプレゼンについてはかなり厳しく教育をしています。

そこで言っている最も重要なことは、原稿を作って、それを見なくても言葉が出てく

るように何回も何回も練習しなさいということです。

ぼくは本質的にプレゼンはうまいと思っていません。頭で考えたことがスラスラ出てこないし、大勢の人の前では緊張します。これを克服《こくふく》する唯一の方法は事前に練習することです。

いまでも、大事なプレゼンのときには、誰もいないところで声に出して練習をしています。

これは少し余談でしたね。

五億円の予算で世界最大のレーザーレーダー装置を作る

国立環境研究所に入ったけれど、ぼくはもともと工学の人間ですから、「新しいもの」は、使うための手段としてとらえています。

理学と工学の差は、ぼくの感触でいうと、「新しいもの」があったときに、「なぜ?」

と考えるのが理学屋さんです。

「これ、何に使うの？」

と考えるのが工学屋さん。

ぼくは工学屋の典型例みたいなものです。

「なぜ？」には、あんまり興味がなくて、「これ、何に使うの？」に、非常に興味がありました。

もちろん、当時の専門はレーザーの研究です。それをやることは決まっていましたが、てっきりぼくは、この研究所の主体は環境対策をやるところではないかと想像していました。それならおもしろそうだ、と就職したのです。

レーザーレーダーの研究分野でずっと食っていこうなんて思っていませんでした。計測より、どうしたら環境がよくなるかの対策がやりたかったのです。

それで、ここでどういう環境対策を練るのだろうなぁと思って、先輩や同僚にふと話をしてみると……。

「キミ、ここは、そういうところじゃないんだよ」と、言われました。

環境研究所の役割は、「現象の解明と影響の評価」であって、対策はそれぞれの官庁が個別に行なう、ということでした。

つまり、環境問題の原因をつきとめる現象の解明と、それがどのように悪影響を及ぼすのかの影響の評価の先にある、やるべき対策の立案は、たとえば、農業関係は当時で言えば農林省、交通関係は運輸省、産業関係は通産省——と、役割分担があらかじめなされているということを説明されたわけです。

これには、けっこう、驚きました。

「……うわぁ！　そんなハズじゃなかったぁ」

「困った……まちがえて入っちゃったのかなぁ」

そう思いました。

一方で、国立の研究機関というのは、結局、何をしているのかというと、自分たちで研究テーマの提案をし、その研究に予算が採択《さいたく》されるかの選択があり、それで予算が付いたら研究をするという組織でした。

変な話ですけど、何もしない決心をすれば、何もしなくてもいいような組織にもなっていたわけです。

だけど、逆に、これをやりたいと提案をして、予算が通れば、できないこともない。

そういう柔軟なところもあるのが国立の研究所だったわけです。もっともいまは当時の国立研究所は独立行政法人となり、その変化の中で、あまり自由に行動ができる雰囲気ではなくなっているようですけど……。

このような研究所の中で、入所して三年目くらいに五億円という非常に大きい予算を付けてくれました。

そのおかげで、世界最大のレーザーレーダーの装置を作るという仕事をやれました。ここでは、予算をかければよい結果を出せる、ということをきちんと勉強することができました。

それに、この分野に新しい発想を持ちこむことも実現することができました。

レーザーレーダーというのは、レーザーの光を大気中の分子や粒子《りゅうし》に当てて、はねかえってくる光を望遠鏡で受信する装置です。

そのレーザーレーダー開発で、ものすごく重要だったことは、どこまで遠くの大気の状況を見られるのか、ということ。

もちろん、遠くなればなるほど、測定をすることは、むずかしくなります。

それをカバーするため、同じ分野の周囲の研究者たちは、たいてい、レーザーのパワーをあげることを一生懸命やっていました。

でも、たとえば、レーザーのパワーを十倍にするのは、ものすごくむずかしいことでした。

ほとんど無理だ、というくらい。

それで、パワーをあげることはできないけれど、それができないとしたら……と、考えてみました。

すると、レーザーのパワーをフィックスしたとしたら、あとは、「望遠鏡のサイズをあげれば、よりたくさんの光を受信できるようになるだろう」と気づきました。

これは、たまたま、東京天文台の研究施設で大きい望遠鏡を前にしていたとき、スッと頭の中に入ってきました。

たとえば、「直径五〇センチの望遠鏡を一・五メートルの望遠鏡にしたなら、望遠鏡の面積はこれまでの九倍になるから、光を受信できるワクが九倍になったことになる……」となるわけです。

レーザーのパワーを九倍にするためには、ものすごくむずかしいことをしなければならないけど、望遠鏡の面積を大きくすることは、そんなに大変なことではない。

それで、ぼくは、**望遠鏡を大きくするという方法で、当時、世界でいちばん遠くまで測定できる装置の開発に成功した**のです。

これも、みんなで戦っている、そこでひとりで勝とうとしていく世界からハズれて、誰もやろうとしていない、でも、やろうとすれば誰だってやれることにチカラを注《そそ》いだだけです。

「レーザーのパワーではなく、望遠鏡の大きさが鍵《かぎ》」というひらめきはあったにせよ、そのアイデアを実現にまでもっていくチカラは、五億円という莫大《ばくだい》な予算を注いだことによります。それによって、パッとすぐに実現できてしまいました。

方針がはっきりしているところに莫大な予算を注いだら、ものごとというのは、けっこう簡単に実現してしまうんだなぁ、という、ミもフタもない現実を、このとき体験してしまったわけです。

遠くまで測れるレーザーレーダーも、装置を設置するための建てものに三億円、装置そのものに二億円の予算を国からいただいて作ったら、あっさりできてしまったのです。

研究でモノを作るならば、予算の大きい、ホームラン狙いの研究をやらなければ、実際にきちんとインパクトのあることなんてできないのだなぁ、と当時、三十歳前後で、妙にわかってしまったところはあります。

ですから、そのあと、何をしようかなぁ、と呆然《ぼうぜん》としてしまいました。正直にいうと、「この分野では、ほかにやることはなくなってしまった」というところもありました。

なぜかというと……何億円も予算の出る研究は、なかなかできないものですから。たいていは、多くても数千万円の予算でプロジェクトを組んでゆきます。

だけど、いちど五億円の予算による成果のデカさを知ってしまったので、数千万円単位の研究では、このテーマでおもしろいことはできないなぁ、と感じてしまいました。

レーザーレーダーの研究の成果をふりかざしてなんとか食っていくのも、おもしろくないだろうから、何かを始めたいなぁ、と三十歳を少し過ぎるころから思い始めました。

電気自動車は競争相手がいない……
脱「ひとり勝ち」はここだ

そこで、そういえば、環境研究所に入ったころには、実際の公害の対策をやりたかったんだっけ、と思い出しました。

それで、たまたま、研究所の隣の部の室長さんから、

「公害対策としての電気自動車の研究報告書を手に入れたんだけど、たしか、クルマに興味があったよねぇ……」

と教えてもらい、通産省による電気自動車研究報告書を読みました。オレって、クルマ好きだったもんなぁ、と思い出しながら。

そこで、あ、これはチャンスだ、と思いました。

まずは、初見《しょけん》で、けっこう電気自動車の研究は進んでいるんだなぁ、という驚きもありました。

それから、ひとつ知りたいことが出てきました。当時、それぞれの自動車メーカーは、ひとつの課、というくらいの小さい単位で電気自動車の研究をやっていたのですが、どんなことをやっているのだろうか、と。

そのことについて、あちこちの自動車メーカーの話も、うかがいに行きました。

そうしたら、

「あのねぇ、電気自動車って……モノにならないですよ」

と、ある自動車メーカーの担当者は答えました。

研究開発をやっている本人が、どこの会社でもだいたい皆さん、そういう感じでした。

それで、かえってぼくのほうは、おぉ、コレはチャンスかもしれないと思ったのです。

「こういう人と競争をするなら、勝てないこともないのかもしれない……」


それでは、ほとんどの関係者が「モノにならない」と断言しているのは、どういう理由からだろうか、と観察してみました。

すると、百人のうち百人が、まちがいなく、問題は「電池」と口をそろえます。電池がよくなくて、エネルギー量が足りないんですよ、と。

でも……と、ぼくは思いました。

もちろん、クルマというのは、まずはエネルギーがあって動くものです。

そのエネルギーを発動機で効率よく使って、転がり摩擦《まさつ》と空気抵抗に打ち勝って前に走らせるのがクルマなわけです。

だから、エネルギー量が足りないのなら、電池をよくしよう、よくしようと躍起《やっき》になるよりも、むしろ、どれだけエネルギー効率のいいクルマを作れるかに挑戦すればいいいのでは、と考えました。

この考え方は、お気づきかもしれませんが、完全に、レーザーレーダーの研究の観点と同じです。みんながやろうとしている電池の分野における「ひとり勝ち」を目指すのではなく、みんながやろうとしない、でも、やろうとしさえすれば必ず成果は出るだろうという、**脱「ひとり勝ち」の次元で戦おう**と思ったわけですね。

どの自動車メーカーも、当時は、電池のエネルギー性能をあげることしか電気自動車普及の道はないと考えていました。でも、電池の性能をあげることはものすごくむずかしいのだから、電気自動車はモノにならないだろうとの意見を聞いたわけです。

ぼくは、電池に蓄えられるエネルギーはあんまりない、ということを前提にクルマを作ればいい、エネルギーが小さいままでクルマを走らせる方法を考えたらいいじゃないか、という点については、やれそうだ、と感じました。

もちろん、当時も、一応、クルマの省エネルギーブームというのはありました。

空気抵抗の小さいボディの研究などもありました。

転がり摩擦の小さいタイヤの研究もずいぶんありました。

ぼくは、門外漢《もんがいかん》ならではの気楽さで、こう思ったのです。

そういう研究の最先端でいちばんいいものを使って、それに、クルマを軽くするという技術も、モーターの効率をよくするという技術もいろいろ組みあわせれば、そういうコンビネーションだけでも、たとえ電池がよくなくても、けっこう長い距離を走れるだろう、と。

計算も、ちゃんとしてみました。

ここには、俺こそが、新しいワクの発明をしようなんて考え方は、まるっきりありません。

これが、ぼくのいつものやり方です。

ぼくの開発は、けっこう簡単なのです。

失敗も、あんまりありません。

ほんとにむずかしくはないこと、予算をかけたらできることを、ただ、やっているだけなのですから。

概念を作って、紙で計算して、コンピュータでシミュレーションを行ない、それを実際に作るだけ、というシンプルなやり方です。偶然やひらめきを待つようなことのない、実務的に、順当に進めていく方法です。

というわけで、「エリーカ」の開発をテレビ番組にしたときに、テレビのドキュメンタリーのディレクターが、あまりにも途中の失敗譚《たん》がなくてつまらなさそうにしていたくらいです。

でも、工学の研究というのは、本来、そうであっていいと思っています。すぐ、ちゃんとできる、というもので、ね。

五年でできると思っていたら、三十年かかった

それから、電池に関しては、時代にまかせていれば、そのうちいいものが出るだろう、と確信していました。

三十年前の当時は、オイルショックのあとで、エネルギーのことを何とかすべきだという空気が強く、新しい電池の研究にも力が入っていた時期でした。それで毎年、新しい電池が出ては消え、出ては消え、といった時代でした。

鉛《なまり》電池以外にも、亜鉛《あえん》―空気電池、レドックスフロー電池、ニッカド電池、ナトリ

ウムー硫黄《いおう》電池と出てきていました。……楽観的ですけど、電池はそのうち、いいのが出てくるだろうと、そっちは時代にまかせることにしたのです。

当面は鉛電池だろうから、と割り切っていました。

「まずは、鉛電池でもいけるようなクルマを設計してみよう。それで、いい電池がきたら、つけかえればいい」と考えて、電気自動車を開発してきました。

もっともその目算《もくさん》には、人生の見あやまりもあるのかもしれませんが……。

五年でうまくいくかなぁ、と思って始めたら、五年が経ったときに、「あと、さらに五年だろうなぁ」と思うようになりました。

そうして、次の五年、次の五年、とやっているうちに、三十年間経ってしまった、というのが正直なところです。

「しかも、まだ、離陸《りりく》してません！」というのが現状です。

時間についての目測のまちがいは、あったわけです。

ただ、想像よりも時間はかかったとはいっても、やはり、電気自動車の時代に近づいてきているというのは、まちがいなかったと言えるのではないでしょうか。

リチウムイオン電池は、日本人が発明したものである

これまで、八台、電気自動車開発に関わるチャンスがありました。

一回一回、それぞれの進歩をしながらここまでやってきました。

それで、試作品としては**合格レベルにきた**というのが、いまの試作八作目の「エリーカ」です。

では、なぜ、ここにたどりつけたのか？

それは、二十世紀から二十一世紀にかけて、電気自動車にとって、ラッキーな技術がいくつか発明されたということが挙げられます。

いつか、いい電池が出てくるだろうと思っていたのが、ついにリチウムイオン電池が出てきたわけです。

しかも、日本人研究者によって。

これは、案外、知られていないことです。

それから、モーター用の磁石というのは、ぼくが電気自動車を始めたころから、いい

磁石ができ始めていましたが、最初から、そのいい磁石であるサマリウム—コバルト磁石を使うことにしました。

これは、一九七〇年に発明されたもので、当時、一グラム一万円という、非常に値段の高いものでした。性能はめちゃくちゃいいのですが。

これはクォーツ時計の針を動かすモーターの磁石に使われていました。

調査をしてみると、セイコーエプソンが、サマリウム—コバルト磁石を作っている会社リストのいちばん上にありました。それだけの理由で、セイコーエプソンに電話をすることにしました。

「磁石、買いたいんですけど」

「何に使うんですか?」

「電気自動車です」

「……え、おもしろそうですね?」

というのが電話に出てくれた担当者のひとことでした。

それで、サマリウム—コバルト磁石の情報を教えていただきました。

もともと、高い磁石だったのが、だんだん、安くなりつつある。

よし、この磁石を使ってモーターの原型を作ろう。

ということで、セイコーエプソンと話をしているうちに、モーターを自ら開発してくれることになりました。その後、その技術を発展させようとしたとき、セイコーエプソンの中では事業としてはうまくいかなくて、その技術は、のちにホンダのソーラーカーに流れていきました。

それから、ホンダは、オーストラリアのソーラーカーレースに優勝します。

そこに、ぼくたちの技術が原型として使われたんですよね。そういう意味では、ホンダの電気自動車のルーツは、ぼくがセイコーエプソンに電話をかけたところにあるわけです……という話はさておき。

サマリウム―コバルト磁石というのは、当初とても高かったのが安くなってきているということだったので、「とにかく高くても、いいものを作るのが最初だろう」と判断しました。

部品が高すぎるからダメだ、というのは研究者がよく直面する壁《かべ》です。

けれども、**最初は高くてもたくさん使うようになったら必ず安くなる**、というのも、もうひとつの真理です。

最初はケチらない。

そういう方針で開発を進めました。

予算をかけるというのは、ほんとに大事なことです。

当時は高価で、クルマのモーターに使うなんてナンセンスといわれていました。それで開発を続けているうちに、日本で一九八二年にネオジウム—鉄磁石というものが発明されていたのですが、それが九〇年ごろから市場に少しずつ出るようになりました。

こちらは、値段がすごく安いし、最初の性能はサマリウム—コバルト磁石よりもちょっと劣っていたのですが、将来、安くなるならこちらに利があるということで、九〇年過ぎからは、モーター用の磁石はこちらに変えていきました。

そのうち、ネオジウム—鉄磁石は性能があがってきて、値段もさらに安くなっていきました。それに、サマリウム—コバルト磁石は摂氏《せし》一二〇度を超えると磁力がなくなってしまうという現象が起きてしまいます。ネオジウム—鉄磁石はけっこう高い温度、摂氏一八〇度ぐらいまでは大丈夫だという特徴がありましたから、さらに追い風がネオジウム—鉄磁石に吹いてきました。

また、トランジスタも、かつては単純な構造のトランジスタでした。それが、非常に大きなパワーを出せると同時に効率もよい、「IGBT（Insulate Gated Biplar Transistor）」というトランジスタが、一九九〇年ごろから少しずつ使われるようになってきました。

そして、効率のいいインバーターも作られるようになりました。インバーターというのは、モーターの回転数を自由に変えるためのコントローラーのことです。この中の主要部品としてトランジスタが使われます。

二〇〇〇年を過ぎた時期になりますと、電気自動車の性能を上げるために必要な三種の神器であるところの、

「電池」

「インバーター用のトランジスタ」

「モーター用の磁石」

が、実用的に使えるようになってきていました。

そういうこともあり、時間はかかりましたけど、順当に開発は進行したわけです。

ところで、電気自動車の性能を上げるために必要な三種の神器と言った、電池、インバーター用のトランジスタ、それからモーター用の磁石、その三つのうちの二つは日本

人による発明品です。

残りのひとつのトランジスタ自体はアメリカの発明ですけれども、いいトランジスタを作ったというのは日本の技術です。

リチウムイオン電池を発明されたのは旭化成の吉野彰《よしのあきら》さんです。

国内生産だけでも一兆円ほどのすごい発明なのに、ほとんどの人が発明者を知らないと思います。パソコンや携帯電話のバッテリーは、リチウムイオンがあってのものなのに……。

ネオジウム—鉄磁石も、当時、住友特殊金属にいた佐川眞人《さがわまさと》さんが発明しました。このネオジウム—鉄磁石も、いまでは数百億円のビジネスにはなっていますから、すごい発明といえますよね。

こういう偉大な人たちは、世間でももっと広く知られてほしいものです。

ということで、そもそも、「電気自動車の基盤技術として、いちばん進んでるのはどこですか」ということになると、それはまちがいなく日本です。

電気自動車は日本に向いている。

このように、実感をもって確信を深めていくことになりました。

それから、ひとつ、大事なことを伝えておかなければいけません。

太陽電池は、夜や雨の日には電気を起こしてくれない、ということです。

せっかく大量の太陽電池を設置しても、太陽が照っているときしか電気が起こせないとすると、我々の生活が十分に豊かになることにはなりませんよね。

ですから、そのためのすばらしい技術として、ここでもリチウムイオン電池が活用されます。昼間の、太陽が照っている時間に電気を起こして、それをいったん電池に蓄えてから使えばいいわけです。

そのために必要なリチウムイオン電池に使う材料の資源の量も、計算してみました。

すると……。

世界中の電気自動車に使うリチウムイオン電池の資源、さらに、太陽電池で発電した電力を一時的に貯めておくのに必要な量のリチウムイオン電池を作るための資源は、地球上に十分にある。

そして、その資源の価格も、高いものではない。

そのため、大量に作れば太陽電池が遠くない将来安くなるのと同じく、リチウムイオン電池も十分に安価になるという計算ができています。

自分は考えることに専念して、パッと開発を進めるという方法論

大学院時代、ものづくりは相当にやりました。毎日、機械工作室に行って、旋盤《せんばん》やフライス盤といった機械を使って、実験用の装置を作っていました。アフターファイブには、ハンダゴテで電気回路を作る日々でした。けっこう楽しいものでした。

そこで理解したことは、ものづくりには思っている以上の時間がかかるということと、それから、ひとりでは何も作れないということです。

もうひとつわかったことは、自分は、考えることは好きだけれど、手先が器用ではない、ということでした。

そして国立環境研究所で、大きな予算を使ったレーザーレーダーの装置を作る経験をしました。それでぼくの研究のスタイルが決まってきました。

つまり、ぼくの研究では、コンセプトを考えることに最も長い時間をかけます。

ではコンセプトを考えるには、何から始めるといいだろうか。頭で考えたことを文章にするのがいいのでは……。

そういうわけで、レーザー研究のかたわらで、電気自動車の本を書いてみました。本を書くことは、ある分野のいちばんの理解になるのと同時に、アタマの整理にもなりました。

それから、一九八一年から約一年間、留学をしましたけど、その間にも電気自動車のことを考え続けて、さらにその合間《あいま》に、アメリカで電気自動車の状況をながめてみました。

一九八〇年ごろのアメリカの電気自動車は、「これなら、日本が勝てるなぁ」と思えるくらいのものでした。

それで、帰国してからは、レーザーから電気自動車の仕事に比重《ひじゅう》を移していくことになります。

そのうち、電気自動車の研究があるよ、とぼくに紹介してくださった室長が部長に昇格されて、

「こちらの部の研究室長のポストがあいたから、こちらにきなさい。ここなら電気自動

車の研究がもっと自由にできますよ」と呼んでくださいました。環境研究所の中のそのポストに異動して、研究を続けたというわけです。この部長はその後、京都大学教授になられた内藤正明先生です。

クルマが電気自動車になるだろうという確信は、最初からゆらぎませんでした。エネルギー効率の計算をしてみたら、社会が電気自動車を受け入れるだろうことは明白でしたからね。

効率のいい技術は、必ず普及する。

これはずっと考えていました。

最初は一人乗りみたいな小さい車を作ってみようかとも思ったのですが、当時、日本マクドナルドの初代社長の藤田田《でん》さんの本に、「高級なイメージで世間に出た商品は普及が速くなる」と書いてあって、なるほどなぁと感じました。

それに、小型自動車は、せいぜい百万円、高くても百五十万円しか消費者は出してくれませんよね。

そこから勝負するのは、むずかしいだろうと思いました。

高級品なら少量生産でいいのです。

それなら、自分の研究室から発信したクルマが商品化されることも不可能ではないとも予想しました。

ですから、それ以降は、基本的にはずっと、高級車として作ってきました。

最終的に大衆車にいきたいとはいえ、最初からその土俵《どひょう》で戦っても、うまくいかない可能性のほうが高い。そう考えて、高級車路線をとったわけです。

そして、「エリーカ」まで作ってきて、高級車路線という方向は一応達成されたと思います。予想していた以上に注目されました。これからは、むしろ誰でもが買える車や誰でもが使えるバスのようなものに研究・開発の視点を移していこうと考えています。

方法論に関しては、莫大な予算をかけて一気に開発したら、すぐにいいものが完成、というのが妥当《だとう》ではないだろうか、と思っています。

「エリーカ」まで三十年もかかってしまったのは、これは単純に、非常に大きな予算をかけられなかったから、それだけです。

ぼくは、天才がドーンと発見をして「ひとり勝ち」をおさめる、という形の研究の方法はとっていません。

単純に、時間をかけて論理で詰めて、モーターや車体に、必要な額の予算をかけたら必ずいいものができるという方法をとっています。

大学の研究としては大きい予算を調達して、「人に頼むこと」をします。

つまり、クルマの開発について、ぼくは自分で細かいところには手をくだしてはいないわけです。

なにせ、ぼくは、不器用ですから。

なんだか、いわゆる、開発者魂《だましい》みたいなものにもとるかのようですが、ぼくにとっての仕事の中心は、**「いろいろ能力のある人たちに仕事を分担して依頼していくこと」**です。

こうすると、待ち時間がけっこう長い。でも、失敗はあんまりありません。

それに、「ドラマ」もほとんどない。

できる人たちに、できることを依頼すれば、あとは、その人たちや協力してくれる会社に支払う予算があるかどうかだけという、シンプルな開発物語になりますからね。

「イチかバチか！」

なんて、ないわけです。こんな考え方で電気自動車を開発していたら、ぼくと一緒にやってくれるとても優秀な人たちが集まってくれました。研究室のスタッフ、学生、そして開発を一緒にやってくれる企業の方々です。

それに、クルマの価値にしても、さきほども述べましたように、相当前から、

「加速感」

「室内の面積の大きさ」

「快適性」

こんなふうに、完全にしぼってからデザインを始めていたわけです。

そのためには、「モーターは車輪の中に入れてしまう」「タイヤは小さくして室内の面積を大きくする」のがいいだろう。

さらに、「タイヤは八輪にしてカーブなどの快適性を増していく」ほうがよさそうだ、などなど。

全て、三点のシンプルな価値に合うように開発しました。そのため、開発の過程でまちがいがあんまり起こりませんでした。

そして、電気自動車も初めは高級品で始めたらいい、となったわけですね。

目標についても、「加速感」「室内の面積の大きさ」「快適性」、この三点の価値でいまのガソリン車よりも価値があるなら、「そのうち、必ず、電気自動車に変化していく」と非常に簡単に考えています。

もちろん、そこにデザインがいいこと、という要素も加わります。

大雑把にいえば、その三点の価値で前の技術に勝てれば、「こちらのほうが性能がいいから買いたい」と思い、しかも結果的に、環境の問題も解決してくれる……。そんな車が電気自動車だということになります。

車輪の中にモーターを入れるなんていう素人意見は、専門家に、

「こらこら、それじゃ、バネ下の重量が重くなるだろう?」

と批判も受けました。

重い靴《くつ》をはいて走るようなものだろう、と言われたわけです。

しかし、部品点数が減るので全体の重量が減るとか、モーターから車輪への力の伝達にロスがなくなるとか、メリットはずいぶんあります。

それに、車輪にモーターを入れたら、クルマの床上の全てを自由に使えるものになります。

しかも、サスペンションの専門家や車の運動論の専門家に、バネ下重量が重いとどんな影響があるかを計算してもらいました。

結果として、舗装《ほそう》道路であれば、乗り心地にはほとんど影響がないと教えてもらいました。

そんなふうに、ぼくの開発は、理詰《りづ》めで考えたものや調査した結果を、能力のある人に託《たく》して形にするだけ、です。

その結果、車輪にモーターを入れることを前提にフレーム構造を作ると、「電池を床下に置いて重心を低くして安定性を増す」なんてことができ、これまでのクルマの形に左右されないものを作ることができました。

クルマの定番は八輪車になる

そのような前例のないクルマを作るためにも、いろいろな人の知恵を集めています。

その一例として、こういうことがありました。

あるところから開発予算をいただいたときに、雑誌に広告を出しました。これからの電気自動車を考えるために、人を募集したのです。

自動車評論家の舘内端《たてうちただし》さんや自動車メーカーを退職された筑波大学の蓮見《はすみ》孝先生にまずリーダーになってもらい、電気自動車に興味のある一般の人々に集まっていただいて、議論してもらいました。

これは月に一回ずつ三年ほど続け、常時五十人ほどが集まってくださり、成果は大いにありました。

たとえば、タイヤを小さくしていき、しかも、荷重《かじゅう》がかかっても平気な、「二つのタイヤの間をバネ構造で結んだタイヤ」なんていうのは、まさに、このような議論の中からヒントを得たアイデアでした。

それで、実際にクルマを作ってみて、タイヤは「八輪」でいくのが、現状では、電気自動車にはいい、と思っています。

電車も八輪ですよね。

八輪にするメリットというのは、タイヤを小さくする分、床上の面積を大きくできる点です。とともに、乗り心地も、そのほうが圧倒的にいい。

たしかに、四輪のほうが安価にできあがります。

が、四気筒《よんきとう》と二気筒のエンジンでは、四気筒を選択する人が多いですよね。

それと同じように、クルマの定番は今後、八輪車になるのではないかなぁ、と本気で信じています。

あらゆるものには、定番のスタイルがありますよね。

携帯電話も、メガネも、時計も、これが定番というものがあります。

技術を形にするときの定番は、時間の経過の中でどこかしらに落ち着いてくるわけですが、電気自動車については、「車輪の中にモーターが入っていて、床の下に部品は全て埋《う》めこまれていて、車輪は八個付いている」というものなのではないかなぁ、と考えています。

第4章で話をしますけれど、そうしたグローバルスタンダードを日本発で作っていけることにも、この電気自動車の開発の醍醐味《だいごみ》があるのです。

現在の自動車の定番も、あるとき、パッと決まりましたよね。

最初は、馬車をマネして作っていたから、クルマは馬車の形をしていました。だけど、一九〇八年のT型フォードのころには、もう、いまのクルマに近い構造になっていたわけです。

定番というのは、じつは、初期にできてしまうところがあるのです。

それと同じように、クルマが電気になったときの定番も、いまのクルマとは別のところにあるはず。そう考えるのが妥当《だとう》ではないでしょうか。

それから、タイヤは、まだまだ、小さくできるはずです。

「エリーカ」でタイヤを大きくしているのは、「時速四〇〇キロを超えるときの最小のタイヤがこれだ」と、ブリヂストンに推薦されたからです。

時速一〇〇キロ程度でいいなら、タイヤはものすごく小さく、小回りのきくものになります。

ガソリン車の改造で電気自動車を作るのは簡単です。けど、ぼくは、**「次のワールドスタンダードを作りたい」**と思っています。

そのため、いちいち、ゼロから発想をしています。

でも、大切なのは、全て、**発想はゼロからでも、完成品については、既知《きち》のものを組みあわせて車体を作っている**ところです。

既知の組みあわせには、失敗もありませんし、突拍子《とっぴょうし》のないものはありません。

つまり、予算さえあったら、明日にでも実現できそうなことしか、ぼくは、考えていないわけです。

自分だからこそできた技術の変革なんていうものも、ほとんどありません。

三十年前から、「ほんとに、予算さえあれば五年間でできるはずなのに……」というものを、あちこちから予算をいただいては、じわりじわりと進めてきただけです。

ただし、いままで話してきたように、新しい概念は時間をかけて考えてきました。

それがぼくの持っているいくつかの重要な特許にもなっていますし、これからも、新しい特許は生まれてくるだろうと思います。

もちろん、フォードも定番のT型ができるまでは、A型、B型……からT型まで、二十回も試作品を作るプロセスが必要だったのです。いまの「エリーカ」は、試作品の八番目のH型ですから、まだまだ時間がかかるのは仕方ない、とも考えています。

開発現場から見えてきた、脱「ひとり勝ち」社会とは

三十年間も電気自動車のことを中心に考えておりましたが、さきほどの、「依頼や予

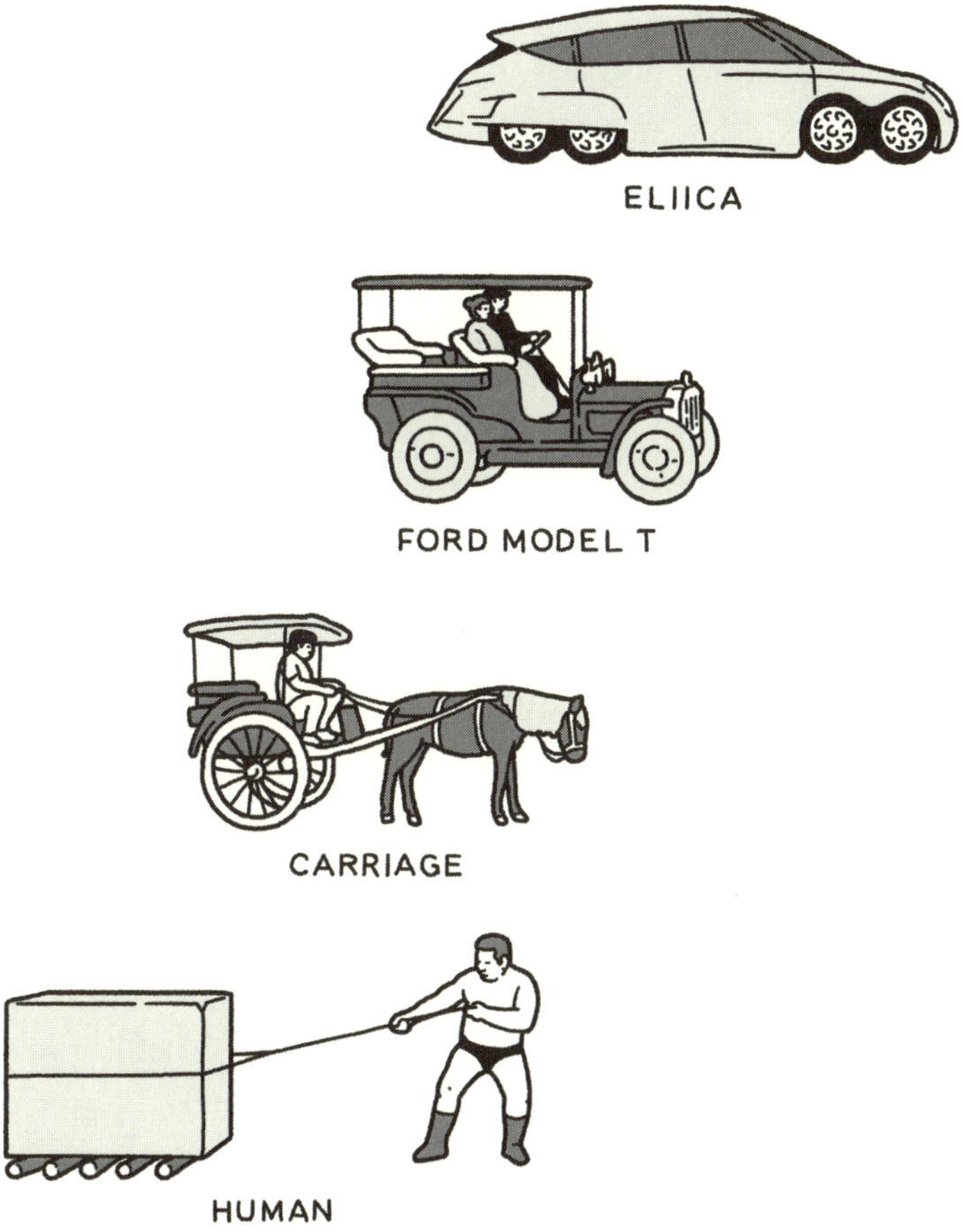

定番は変わる。自動車の次の定番は8輪車。

算申請の間の待ち時間」に、それはそれは、いろいろなことを考えてきました。

もちろん、環境のための電気自動車でもあるから、二酸化炭素排出量のデータなんかをもとに、あれこれ、計算も重ねてきました。

そうすれば、電気自動車がいかに環境問題を劇的に解決してくれるのかがわかります。

たとえば、いま、全世界の二酸化炭素排出量の二〇パーセント近くがクルマの排気ガスです。

しかも、鉄道からは一パーセント、飛行機も一パーセントですから、移動する道具全体で二〇パーセントほどの二酸化炭素を出しているわけです。

アメリカ国内のみでいったら、二酸化炭素の三〇パーセントほどがクルマから排出されているので、より深刻と言えます。

でも、それが電気自動車になれば、それこそ一気に二酸化炭素排出量は「ゼロ」です。

これは、相当におもしろい。

そんなことを思いながら、だんだん、社会のグランドデザインについても、考えるようになっていきました。

たとえば、太陽電池が普通に使え、エネルギーの価格がものすごく下がったとしたら何が起こるでしょう？

車がどんどん多くなる。

それによって、渋滞の問題が出てくる。

誰だって、クルマに乗れるんだから当然です。

しかし、そこに、「クルマのものすごい小型化、軽量化」が実現したらどうなるでしょう。

それから、ぼくたちの研究室では、**自動運転**の研究もしています。自分で運転しなくてもいい車のことです。

その「自動運転」が導入されたら、どうなるでしょう。

こういうことが考えられるのではないでしょうか。

これまでの車の幅と長さがあれば、そこに何倍もの数のクルマを載せられることになる。しかも、自動運転により衝突を回避できる。車間距離は縮まり、その結果、渋滞がなくなる。

そんなふうに、電気自動車の開発を通じて、未来の社会のグランドデザインまでできてしまいます。これは、この電気自動車に携わっていることのひとつのよろこびでもあります。

少しだけこの話を続けると、渋滞もないまま、どこにだって時速一〇〇キロで行けるようになり、しかも自分の椅子に座っているようなものがクルマになる、ということも可能です。とすれば、通勤も移動も、とてもラクになります。

そういう想像をずっとしていたのですが、二〇〇八年の十二月に上映された『WALL・E《ウォーリー》』というピクサーによるアニメーション映画はまさにその世界でした。人は運動不足になってしまうという風刺《ふうし》も入っていました。

でも、あの世界って、本当にいい意味では実現可能だなぁ、とぼくは、電気自動車を開発している立場から、実感として思っています。

しかも、リアリティをもって話すことができる。

鉄腕アトムやドラえもんの世界と違うのは、既知の組みあわせでしか話をしていないという点です。

それに、このようなクルマの原型はすでにできあがって、テストを始めています。

法制度、生産状況の変化があれば、技術的には明日からだってできます。

そういうリアリティのあることしか、ぼくは考えないようにしているんです。

つまり、既知の組みあわせ、しかも、従来のワクを取っぱらった議論をしていくと、冒頭に言った、『ひとり勝ち』の世界の中でどう勝ったらいいのか」なんていうせせこましいところから抜けた話をすることができるのです。

しかも、高校生に質問したら九割が、「ダメになる」といったみたいに、社会が悪くなるなんていうよりも先に、まだまだ、**「やることのできる余地」も、そのためにも、「まだ使われていない技術」も、ずいぶんたくさんある**とわかります。

このような話をしたからこそ、ぼくの授業を受けた高校生は、未来に希望を持ってくれたのです。

未来のクルマは自動運転

自動運転乗用車（右ページ）

幅80㎝、長さ1・5ｍ、高さ1・5ｍのサイズにビジネスクラス二人分に相当するサイズの客室が載る。当面は時速20㎞からテストを始めるが将来は一般の交通と同じ速度で走行する。自動運転なので事故の心配がなく、誰でもがいつでもどこにでも行けるようになる。小型なので建てものの中にも自由に入ることができる。自動運転の原理はGPSで自車の位置を検出し、地図情報と照らし合わせながら走行する。つまり、NAVIの情報をステアリング、アクセル、ブレーキに伝えて走行する。衝突防止のために、車体の先頭に障害物センサーを取り付ける。

自動運転トラック（左ページ右上）

幅80㎝、長さ1・5ｍ、高さ1・5ｍのサイズに幅と長さが同じで高さ1・2ｍの荷箱が載る。現在トラックで運んでいる貨物のほとんどはこの荷箱のサイズに収まる。当面は時速20㎞からテストを始めるが将来は一般の交通と同じ速度で走行する。自動運転なので事故の心配がなく、かつ、ドライバーの人件費がかからない。このため、安価に安全に商品を運ぶことができるようになる。インターネットで商品を注文すると倉庫から自動的に商品がこの車両に積み込まれ、同じ都市内ならば30分程度で商品が届くことにもなる。

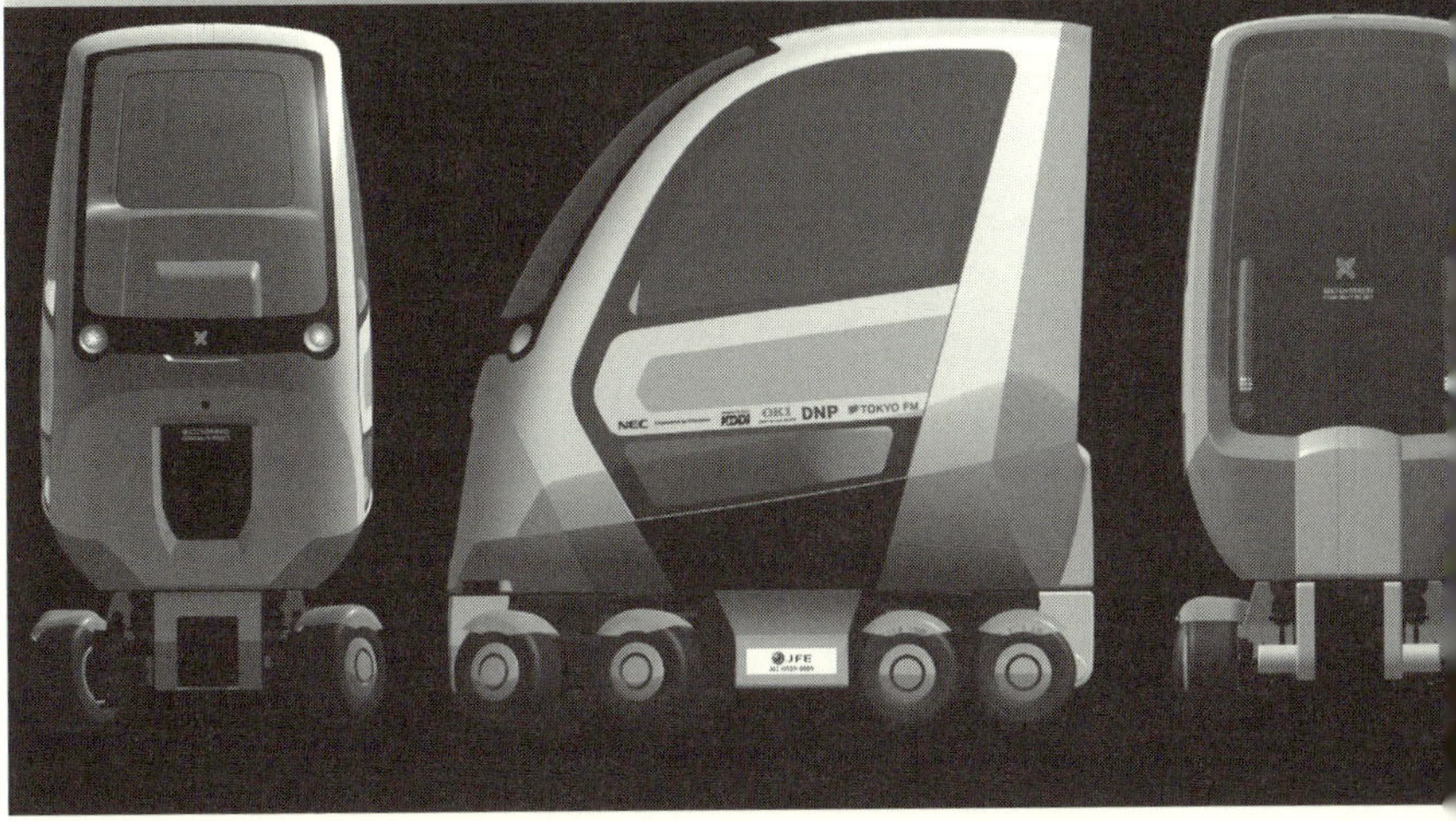
NEC
DNP
TOKYO FM
JFE

4

日本発、日本型の文明を！

古い技術が新しい技術に変化するのは、わずか七年

これまで、本書では、二十世紀型の文明のワクではない文明の実現可能性について、「エネルギー問題の研究の経験」「電気自動車の開発の経験」の観点から、話をしてきました。

ここからは、

「では、日本人であるぼくたちは、二十一世紀型の、脱『ひとり勝ち』文明に向けて、何ができるのだろうか……」

について、話してゆきたいと思っています。

なぜなら、文明は、想像しているより、短期間で、意識的に作りあげられるものだからです。

ぼくは、九〇年代の初め、電気自動車の調査のために、アメリカのワシントンＤＣの、あるコンサルタントに話を聞いて、驚いたことがありました。

エネルギー問題の専門家であるそのコンサルタントは、

「古い技術が新しい技術に変化するときって、わずか、七年しかかからないんだよ」

と、教えてくれたからです。

そのとき、たとえば、クルマで言ったら、「マニュアルトランスミッション主流の時代から、オートマチックトランスミッション主流の時代まで」、あるいは、「デファレンシャルギアの形式の変化」は、やはり、七年間というかなり短期間に行なわれた、と具体例を説明してもらったのです。

それから、しばらく、自分でも、決定的な技術革新にかなり注目をして、追いかけてみました。

すると、おもしろいことが、わかってきました。

CDプレーヤーは、九〇年からの約七年間、携帯電話は、九五年からの約六年間、デジタルカメラは、二〇〇〇年からの約五年間……。

たしかに、日常的に当然のものとされている、「古い技術に変化を加えた新しい技術」は、かなり短期間のうちに社会に普及していったのです。

ここで、正確に言うために、「古い技術に変化を加えた新しい技術」と記したことに、注目してください。

CDプレーヤーはレコードプレーヤーから、携帯電話は固定電話から、デジタルカメラはフィルム式カメラから変化した技術です。これらはみな、「すでに世界にあったものに、変化を加えたもの」ですよね。

だからこそ、七年間、という短期間で普及するわけなのです。

これが、初めて社会に導入されたときの自動車であったり、エアコンであったり、これまで社会になかったコンセプトのものを出したときには、普及、形式の変化に、二十年ほどかかってしまいます。

ここには、きちんとした理由があります。

それは、**商品の普及は、製造するほうではなくて、使用するほうが決定しているか**ら、というものです。

つまり、これまで、初期のクルマやエアコンなどのような、社会になかったタイプの技術は、「使用の方法」「便利であること」を使う人々が理解していなかったために、普及に時間がかかったわけですね。

しかし……固定電話から携帯電話が生まれたというような、もう普及している技術の「置き換え」であるならば、使用するほう、つまり、消費者が技術のすばらしさをすでに理解しているので、さらに便利な技術さえできたら、すぐ簡単に価値を理解できることになる。

そのため、いったん普及し始めたら、七年以内というかなりの短期間で、バーッと広まり、日常的に使用されるものになるという現象が生まれてゆくのです。

新しい技術に入れかわれば、マーケットは倍増する

じつは、この短期間の変化というポイントにこそ、ぼくの話したい「文明論」のキモがあります。

なぜ「短期間」で変化しなければいけないのか。

それは、第1章でも述べたとおり、いまの日本は脱「ひとり勝ち」文明の先導者になれるか否かの岐路《きろ》に立っているからです。

お金や技術といった変化するための諸条件は整っているにもかかわらず、社会のシステムが古い技術に対応しすぎている。そのため、短期的変化が不可能であるかのような

雰囲気が漂《ただよ》っている。

それがいまの日本の状況です。

だけど、カメラの技術の周囲には、カメラ製造、フィルム製造、現像、焼き付け、引き伸ばし、というような技術の組みあわせで、ちょっと前までの写真の業界はかなり強固に存在していたかのようでありました。

ところが、その写真の業界の強固なシステムも、気づけば新しい変化や流通にあわせたものになっていきました。

レコードプレーヤーがＣＤになったときも同様です。プレーヤーそのものがガラッと変化してしまう環境に消費者が慣れるまでに、それほど、時間はかかっていません。

携帯電話なんて、まさに、そうだったでしょう。

つまり、変化は、想像よりもすぐにやってくる。

しかも、その変化は、消費者が意識的に行なえるもの、なのです。

クルマの話でいえば、

「……でも、日本の場合、ほんとに国の基幹《きかん》産業だったのだから、いままでのクルマが電気自動車になっちゃったら、雇用《こよう》はどうなるんですか？」

と、心配される人も、けっこういるだろうと想像します。

しかし、カメラの生産台数はピーク時で年間四千万台だったのが、デジタルカメラは二〇〇六年の生産台数が年間八千万台になっているのです。

そして、レコードからCDになったことで、レコード生産のピークは年間二億枚だったのに、CD生産のピークは年間五億枚と、やはり、むしろマーケットは倍増している。

このことは、技術革新の持つ意味を考えたら、すぐにわかることです。

新しい技術に入れかわれば、マーケットは拡大するのです。

それはなぜかというと、新しい技術というのは、便利で効率のいいものだから、です。

デジタルカメラは膨大な分量の画像を保存できるし、撮《と》ったその場で写真を確認できるし、プリントの価格だって安価になったし——と、使いやすくなっているからこそ、これまでカメラを使わなかった人も手に取れるものになりました。

ひとりで数台も所有するなんて現象も起きているわけですよね。

CDだって、小型になって、持ち運びがしやすくなって、使いやすいものになったからこそ、マーケットが増えていった……。クルマにも、そういうことが起きるんじゃないのかなぁ、と思います。

「電話ボックスって、懐《なつ》かしいよねぇ」

「レコードの時代も、あったっけなぁ」

そんなように、「ガソリンのクルマも、懐かしいなぁ」なんて言われる時期は、それほど遅くはないんじゃないのかなぁ、と想像しています。

それに、やはり変化したほうが、確実にエネルギー効率がいいわけですからね。

変化が起きにくいのは、バリューチェーンのワクがあるから

電気自動車の普及に関しても、だんだん技術が進んできています。

大手の自動車メーカーであれば、

「売れ筋《すじ》のクルマ一車種にかけるくらいの費用と人員と情熱をそそげば、電池が高値であるとか、モーターが高価であるとか、そういう問題はほとんどなくなる」

というくらいまで、普及の実現は「すぐに」できるところにきています。

では、二十一世紀型の文明は、太陽電池や電気自動車が普及するのを待っていればい

いのでしょうか。

ここには、「二十一世紀型文明」ならではの問題があります。

この文明の普及というのは、二十世紀型の文明の普及と異なって、ひとつ、「世論《よろん》」の意図を強烈に注入しなければならないというところがあるのです。

というのも、変化したときのインパクトがあまりに大きいからです。

世界最大の産業がエネルギー産業で、その次が自動車産業である。

このような事実に見られるように、変化したときのインパクトの大きさがネックになっているところがあるのです。

もちろん、計算上は、変化によって、世界最大の産業、その次の産業の、どちらも、マーケット自体が増加しますから、結果的には地球全体のGDPがあがります。

脱「ひとり勝ち」文明になれば、世界中の人たちが富と裕福な生活を享受《きょうじゅ》できることになり、すばらしいことだらけのはず……。

けれど、今回の二十一世紀型文明の普及に関してだけは、話はそう簡単ではない。古い技術を持っている産業にいる会社が、かなり、入りたくないなぁと思ってしまうハッキリとした理由があるわけです。

たとえば、化石燃料から、太陽電池に変化してゆく。

鉛電池から、リチウムイオン電池に変化してゆく。

こちらは消費者として、古い技術が革新すれば、便利になるだろうことはパッとわかります。本格的に普及し始めたら、七年間で、新しい技術のものがきちんと流通、普及していくだろうと計算できます。

けれど、その電力を製造するほうにとってみると、まさに「イノベーションのジレンマ」です。

いいとわかっていても、変化できない……。

このコンセプトは、クレイトン・クリステンセンの研究成果『イノベーションのジレンマ』という本に書かれています。

イノベーション、日本語でいう技術革新には、「持続的イノベーション」と「破壊的イノベーション」の二種類がある、というのです。

持続的イノベーションは過去の技術の延長線上で発展するけれど、破壊的イノベーションはまるで異なる原理の技術だ、ということです。

火力発電を具体例にとったら、エジソンが石炭を原料とする発電を始めました。

それから、石油、天然ガス、と燃料の移行がありました。

燃料は異なっても、火力発電は基本的には、「燃料で高温の蒸気を作って、そのチカラでタービンを回して発電する技術」ですよね。

さらに、最近は、これにコンバインド・サイクルが付加されました。

これは、いったん高温で天然ガスを燃やしてガスタービンを回して発電し、その排熱《はいねつ》で蒸気タービンを回転させて発電する、という二段がまえの発電方法です。

この技術によって、最新のものでは発電の効率は五三パーセントにまで到達していますす。でも、これらの変化は、技術が改良を重ねながら向上するものなので、持続的イノベーションにとどまっています。

具体例をもうひとつあげれば、クルマにしてもそうです。

発明以来、いろいろな改良が重ねられてきましたが、全て、ピストン式の内燃《ないねん》機関《きかん》を主な技術とすることを前提にしていました。

その点では、基本に何も変化を加えないで、改良してきました。

ですから、これも、持続的イノベーションということになります。

しかし、太陽電池、電気自動車といった二十一世紀型の技術は、破壊的イノベーションと言えます。

さきほど触れたクリステンセンは、次のようなことを言っています。

「すでにある優良企業は、持続的な技術については、開発、商品化に、成功をおさめ続けるけれども、破壊的な技術については、失敗してしまうものだ」、と。

その理由は、設備の投資、技術の蓄積、人員など、これまでのものは要らないものになってしまうからだけではない、と言っています。

クリステンセンによれば、すでにある企業は**バリューチェーン**に組みこまれているということなのです。

バリューチェーンとは、クリステンセンの定義によれば、製造業でいうと、原材料を作る会社、それを加工して部品を供給する会社、それを組みたてる会社、流通とサービスをする会社、それに顧客が、ひとつの輪の中に組みこまれていて、おたがい、利益が出る構造ができているということです。

自動車産業も、数多くの部品会社とアセンブリーメーカー、販売会社、修理会社、それから、顧客が強い結びつきを持って、産業を支えているわけです。

そのため、このうちのひとつのアセンブリーメーカーが、たとえ、破壊的技術を主役にすえようと思っても、バリューチェーンから抜けだせないというようなことが起きるというわけです。

ぼくは、電気自動車の研究を長いことやってきて感じていた危機感の正体を、このクリステンセンのいう、「バリューチェーン」の中に見たような気がしたのでした。

実際、大手の自動車メーカーの人たちは、電気自動車に対して、身動きできない、という感じを持っています。

たび重なる調査によって、**大手の自動車メーカーの幹部の中に、将来、クルマは、電気自動車になってゆくと信じている人は、けっこう多い**とわかりました。

しかも、若い開発者で電気自動車の未来に夢を持って基礎研究をしている人が多い。

これはぼくが三十年前に電気自動車を始めたころの自動車メーカーの電気自動車担当とはちがう、大きな変化です。

しかし、現実の普及になると、チカラが入りにくい……。

効率もいいし、ＧＤＰも増えて世界から貧困がなくなるための妙手《みょうしゅ》になって、脱「ひとり勝ち」の二十一世紀型文明を築くためには、変化したほうがいいんだ、と計算でわかっているのに、ともどかしくなります。

実際に流通し始めたら、思ったよりも普及はかなり早い……。

そこまで、わかっていても、このバリューチェーンのワクがあるから変化が起こらないというのは、とても惜《お》しいことです。

「世論」がイノベーションのジレンマを断ち切る

それを変化させるのは、「世論の強烈な後押《あとお》ししかない」、という思いで本書を書いているわけです。

このままでは、エンジンを作り続けるという選択が、まだまだ、取られてしまいかねません。

電力会社にとっての太陽電池も、同じようなものです。

リチウムイオン電池もそうです。

材料、製造方法がぜんぜんちがうから、なかなか変化が起こらないことになっています。つまり、短期間の大幅な変化を阻《はば》んでいるのは、このイノベーションのジレンマにある、と言っても過言ではないのです。

なにも、大企業は「古い体質」だから、変化ができないというわけではないのです。構造からして、破壊的イノベーションの技術に手を出せないのです。

でも、とここで考えます。

二十一世紀型文明は、それまでの、たとえばガソリン車や化石燃料主体のエネルギーに代表されるような二十世紀型の文明とちがって、パンドラの箱のようなものです。

つまり、それを開いてしまったら、まさに、ギリシャ神話のパンドラの箱のように、旧来の産業に破壊をもたらすような多くの困難が人を襲うようになるかもしれないけれど、「希望」も混ざっている。

ゼウスから渡されたパンドラの箱の中にも、この「希望」というものがちゃんと入っていたのです。

つまり、**二十一世紀型の文明には、世界中の人に裕福な生活を約束するだけのエネルギーの流通をもたらす技術が入っている**、ということです。

それこそ、二十世紀の量子力学を基盤にした技術の発明の蓄積のすばらしさです。

この技術を、封印《ふういん》することはもうできません。

なぜなら、人間は、その技術が確実に人間にとってすばらしいものである、ということを、知ってしまったから。

コンピュータも、iPod《アイポッド》も、量子力学から生まれた技術です。そして、現実として、便利であるために使っている。

同じように、**ぼくたちがやるべきことは、これらの二十一世紀型の技術を、いかにすばやく、いかに確実に普及させて、いかに脱「ひとり勝ち」の文明を築きあげるか、**です。

そのために、あれこれ世界的な問題になっている環境問題をもとに、世論の意図がいかに必要か、という話を、このあとにしていきたいと思います。

二十一世紀型文明の議論をするときがきた

何回、計算をしても、太陽電池や電気自動車の普及は、本当に、すばらしい未来をもたらすことが確実のように、見えてきています。

しかも、さきほど話したように、短期間で、普及もできるだろうと計算できています。だけど、バリューチェーンの問題があって、なかなか、二十一世紀型文明は実践されないでいるのかもしれない……。

そうである以上、世界不況、温暖化問題などの危機感をもとにした、「世論の強烈な意図」で、変革をもたらさなければならないのかもしれません。

ですから、文明論を語るとともに、本当に、すばやく、脱「ひとり勝ち」の文明に変化してゆくためにも、会社員、経済人、政治家、研究者そして若者も含む人々が、チカラをあわせて、初めの選択をしていかなければならない、と考えているのです。

温暖化問題を考えてみれば、二十世紀型文明のままでは、ラチがあかないということがとてもよくわかります。

たとえば、ベストセラーになった、ノーベル平和賞受賞者のアル・ゴアさんの『不都合な真実』は、温暖化を科学と政治と倫理の問題であると訴えて、しかも、この問題が深刻であるということを世界中の人が痛感することが大切だ、と説明しています。

このゴアさんの挑戦は、成功しました。

この本とドキュメンタリー映画のおかげで、世界中の人の意識は大きく変わりました。

「環境問題、なんとかしなければ……」

この発想は、地球全体の大きな動きになってきていますよね。

この発想が世界に定着し、世界中の人々が温暖化の脅威を十分に理解したため、次の変化を前向きに受け入れることが容易になってきています。なので、ここからは二十一世紀型文明の議論をし始めなければならない。

なぜなら、これまでは、温暖化を解決するための議論は、二十世紀型文明を活かした、そのワクの中での対策としてあげられたような、「省エネ活動」「排出権取引」などの方法が主流でした。

しかしこのような方法の効果を計算してみても、ほとんど、温暖化の脅威に対処できない、とわかっています。

これまでの方法では抜本的な対策ができない、とわかったいまこそ、「二十一世紀型文明」を導入しなければならない、と多くの人々が理解してくれると思います。

しかも、イノベーションのジレンマがあるのだから、自然に、ではなくて、世論の強い意思で、自分たちで、文明を変えていかなければならない。

いま、このような時期にきている、というのがぼくの時代の認識です。

日本全体の動きでもなければ、イノベーションのジレンマの中で、二十一世紀型の文明への変化はなかなか起きないものです。

日本全体の動きの中で最も重要なことは、政治の力だと思います。その政治というものは、世論の支持があれば動いて行くものであって、やはり、二十一世紀型の技術は未来のエネルギー問題や貧困の問題や温暖化の問題に有効なんだ、という共感を広く得ることができれば、きちんと実践されてゆくのではないか、とぼくは思っています。

だから、本書を読んで、なるほど、と思ったら、ぜひあちこちで話していただきたい。太陽電池や電気自動車は便利だし、それによって人間は裕福に、しかも二酸化炭素を出さないで暮らせるんだ、というイメージを、いろいろな場で話してもらいたいと思います。

脱「ひとり勝ち」文明になれば、温暖化問題も抜本的に解決する

ぼくは、アル・ゴアさんが『不都合な真実』で思いを広げたところに、これを解決す

るための具体的な方策、実践的な方法の具体例を示して、さらに世界が変わっていったらいいなぁ、と思っています。

というわけで、温暖化問題の抜本的対策について、話を続けましょう。

温暖化の影響から逃れようとしたら、二酸化炭素を現在よりも八〇パーセントも削減しなければならない、というのが、気候変動に関する政府間パネル（ＩＰＣＣ）が一九九六年に出した第二次報告での結論でした。

また、それまでの削減の前に、二〇五〇年までに二酸化炭素の排出の「半減」を目標とすることについては、〇七年六月のドイツのハイリゲンダムで行なわれたサミットで議論がかわされました。

でも、これほど大きい削減ができるのだろうか？

普通にニュースを目にしていたら、疑問だ、と思う人がほとんどだったのではないでしょうか。

このようなとてつもない削減をしなくてはならないんだという具体例にこそ、二十世紀型文明から、二十一世紀型文明へ変化するべき時期だ、ということがあらわれているのです。

どういうことかというと、これまでの二十世紀型文明の延長線上で、数ある対策をちょっとずつやっていくというのでは、解決は不可能です、ということです。

それから、文明が進みすぎてしまったから、こんなことになってしまった……と退歩の方向で環境対策をやっても、無意味なのです。

この場合、考えるべきことは、まず、**本当に効果のある対策を選んで、それを集中的に普及させること**です。

温暖化については、まず、それしかありません。

それさえできれば、本当に、二酸化炭素の八〇パーセント削減もできてしまいます。

しかも、温暖化の原因を考えると……まさに、いま、二十世紀型文明の根幹をなしていた技術が、二酸化炭素の大量発生につながっている。

二酸化炭素の発生源は、人間が化石燃料を燃やして発生させているものと、焼畑《やきはた》や森林伐採《ばっさい》などの自然破壊によるものがあります。

そのうち、先進国では化石燃料の燃焼がほとんどで、世界的にも大半が化石燃料の消費によるものです。

この化石燃料の消費によるものは、ほとんどが火力発電、自動車、製鉄所、および燃料を直接燃焼させて熱を得るという用途《ようと》で発生しています。

つまり、わずか、四つの発生源しかありません。

そして、これらの発生源こそ、もちろん、二十世紀型文明を根元から支えてきた技術なのです。

二十世紀型文明は、十九世紀に発明された技術を実践したものでした。

火力発電は、エジソンが一八八二年にニューヨークに火力発電所を造ったのがきっかけです。

自動車は、一八八六年にゴットリープ・ダイムラーとカール・ベンツがそれぞれ独自に内燃機関式自動車を発明したことに始まります。

いまの製鉄にしても、一八五六年にヘンリー・ベッセマーが新しい転炉《てんろ》による製鋼法《せいこう》を発明してから、その基本は変わっていません。

文明が進みすぎたから環境問題が発生した、というよりは、十九世紀の技術を二十世紀からいままで、ずっと原理を変えないで使い続けてきたことが、これだけの二酸化炭素を出し続けていることにつながっているのだ、とわかるわけです。

これで、温暖化問題のイメージ、変わると思いませんか？

高い経済成長のせいで、あるいは進みすぎた科学技術のために、また、過度に裕福な生活のせいで、温暖化が起きているというわけではないのです。

「高い経済成長や科学技術のせい」と思ってしまったら、温暖化対策は、基本的には、自由を抑制《よくせい》することでしかできなくなる、みたいな縮《ちぢ》こまったイメージしか持てないでしょう？

しかし、ぼくは、それはぜんぜんちがう、と思います。

問題は、せっかく、二十世紀なかばからいまにかけて、量子力学を基盤として、本当の意味で新しい技術が生まれているのに、それを使わないまま、百年以上も前の科学的知識にたよった技術を使い続けていることが問題なんだ、ということなのです。

しかも、むしろ、**新しい技術を使ったら、温暖化はなくなるどころか、さらに、エネルギーが行きわたって、人類は裕福になる、**世界中でアメリカ人と同じようにエネルギーを使えるようになる……。

そんな脱「ひとり勝ち」の文明が、すぐそこにあるんだということでもあります。

二十一世紀型の技術が行きわたれば、オイルショック以後の心配のタネだった、

「いつか石油がなくなって、いままでどおりの生活を続けられなくなるのではないか」

20世紀型文明と21世紀型文明の主なちがい

	20 世 紀	21 世 紀
支 え る 科 学	力学、電磁気学	量子力学
基 本 技 術	内燃機関、火力発電、高炉法による製鉄	太陽電池、リチウムイオン電池、ネオジウム－鉄磁石
エ ネ ル ギ ー 源	化石燃料	太陽光
応用技術の例（自動車分野）	内燃機関自動車	電気自動車
恩恵を受ける人々	先進国中心	世界全体

21世紀型文明

20世紀型文明

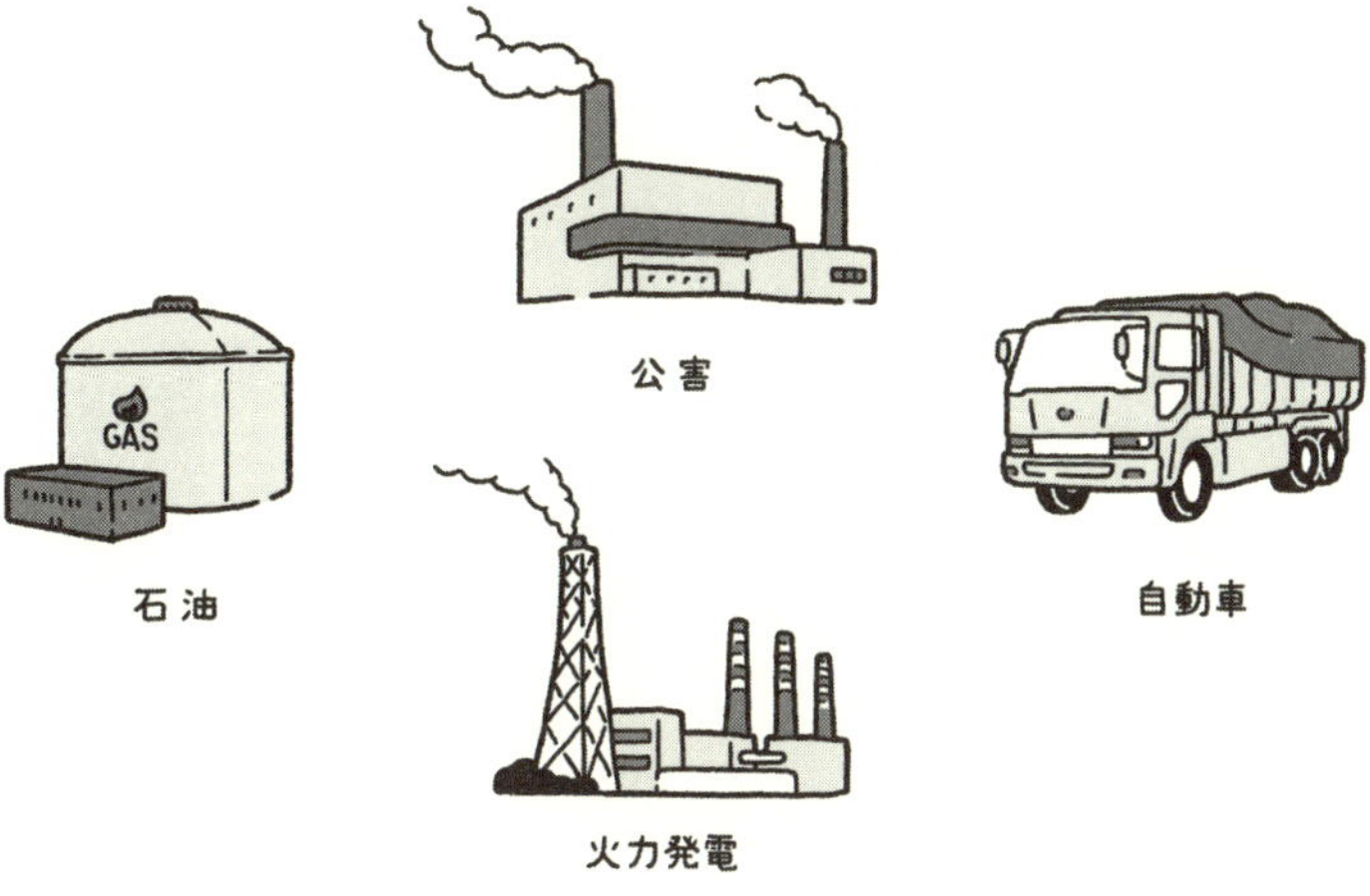

「公害や大気汚染がもっとひどくなるのではないか」

「食糧生産が減って、それをめぐる紛争が増えるのではないか」

という将来に対する不安も、同時に解消することになります。

今後、何百年、何千年にもわたって裕福な生活を維持できる基盤を作ることができるのです。

炭素と水素の化合物である化石燃料にたよった二十世紀型技術を捨てて、すでに生まれている新しい技術を取り入れたらいいわけです。

炭素と水素の化合物の「ひとり勝ち」の世界
＝
オイルの「ひとり勝ち」の世界
＝
先進国の「ひとり勝ち」の世界

二十世紀型の文明の形は、もう捨ててもいいだろうとは思いませんか？

その実現のためには、やはり、世論をどんどん盛りあげていくことしかない……と、電気自動車を研究し続けてきたぼくには、確信として思えます。

経済的勝利よりも大切なもの

ここで、少しちがう視点から、日本が脱「ひとり勝ち」文明の主役になったほうがいいと考える理由を述べてみます。

日本は、第1章で述べたように、戦後すぐは貧困のきわみにありました。

そこから一九五〇年の朝鮮特需《とくじゅ》などを経て、一九五五年から七三年までの十八年にわたり、高度経済成長と呼ばれる時代を迎えます。六八年には国民総生産（GNP）が世界第二位になりました。

この間、トランジスタラジオ、小型カメラに始まり、テレビ、ビデオ、クルマ、テレビゲームといった自慢《じまん》の工業製品を、世界一の経済大国アメリカに輸出していきました。その結果、八〇年代には、国民総生産は世界一に。ジャパン・アズ・ナンバーワンと言われ、押しも押されもせぬ経済大国へとのしあがったわけです。

バブルの時代です。

しかし、そうして「勝った」日本は、世界中で手放しで賞賛されたかと言うと、そうでもない一面があります。

当時、海外に行くたびに、肩で風切《かぜき》って歩く日本人たちを見て、「集団で高級ブティックをあさる成金《なりきん》」といって世界中で揶揄《やゆ》されたこともありました。第二次世界大戦での敗戦からわずか三、四十年での復興に舞い上がっていたのでしょうか。人としての成長が伴っていなかったようにも思えます。

今回、本書で提案している脱「ひとり勝ち」のやり方は、日本だけが勝てばいいというものではありません。

そうではなくて、勝ち負けとは違う次元で、より良い文明の実現に向け、日本の技術を日本主導で進めていきましょう、というものです。

経済大国になり、その後のバブルの崩壊を経験して、良い時代とそうではない時代の両方を経験して、国家としてより大きく成長をした次の時代だからこそ、日本人が本来得意としてきたやり方で世界に新しい文明を広げてゆきましょう、ということです。

自国の先行している技術を世界中に広め、世界中で新しい文明を享受することができるようにしよう。

それは日本をおいて他にはできないこと、というふうにも考えています。

そこには、日本は本当は大きな力を持っているんだけれど、世界からはあまり理解してもらえていなかったことを挽回《ばんかい》する機会や、日本の持っている本当にいい面を世界に知ってもらうチャンスもあります。

そして、日本の持っているいい面というのが、最後に述べるとおり、他者を活かし自分も活きる、という「軟着陸《なんちゃくりく》」の発想なのです。

困難な時代を「軟着陸」で乗りこえるために

よく、困難な時代を乗りこえるためには、「血を出さなければならない」といわれますよね。

「革命」という言葉も、よく使用されますし、そうやって、ガラガラと前の時代のコンセプトなり方法論なり経済基盤なりを壊してゆく話は、書いたり話したりするぶんには、気分がいいわけです。

でも、これからの世界や日本を、自分の研究してきた「エネルギー」「クルマ」の見地でながめてみたら、どうも、そういうドンパチやった革命で成果を、ということにはならないと思います。

つまり、さきほど「パンドラの箱を開けたら……」という比喩《ひゆ》で言いましたが、実際には、旧産業が木っ端微塵《こっぱみじん》に吹き飛んでしまう、というようなことはしないで、次の時代を作っていくことが有効だと思っています。

単純にいえば、「軟着陸」。

これが、いいのではないか、これからの世界にも、向いているのではないかと思うわけです。

それに、日本人は、「軟着陸」が得意です。

それを、本書の結論として、伝えておきます。

これは、もしかすると、さきほど述べた**「イノベーションのジレンマ」を解消するひとつのやり方として「日本的イノベーション」と呼んでもいいもの**かもしれません。

「持続的イノベーション」と「破壊的イノベーション」の両方の長所を組みあわせたものとして。

つまり、本来、破壊的イノベーションである、太陽電池や電気自動車の普及、それをバリューチェーンにうまく変更を加えて、軟着陸というやり方で成功させていく。

こういうイノベーションのほうが、時代に合っているのではないでしょうか。

もちろん、何度も言っているように、太陽電池の普及は、喫緊《きつきん》の課題です。「短期間」で実現させなければいけないものです。

そのためにこそ、これも何度も繰り返し述べていますとおり、「皆さんの声」「世論」が必要だと思っているのです。世論の押し上げが、「軟着陸かつ短期間」での変化を生んでくれるはずですから。

ここで簡単に、軟着陸の変化、日本的イノベーションの可能性について考えてみましょう。

明治維新は、基本的には、国中が戦乱に巻きこまれたわけではありません。ほとんど無血《むけつ》革命と言っていい方法で、二百五十年続いた体制が変わりました。

当時の革命勢力は薩長土肥でした。これらの勢力が幕府を倒そうと決起したとき、それをいち早く察知した十五代将軍・徳川慶喜《よしのぶ》は、それに抵抗することなく、アッサリと政権から去りました。それに対して官軍側も深追いすることなく、その結果、大きな内乱になることもなく明治時代が始まりました。この部分は、司馬遼太郎がいくつかの作品で繰り返し述べていることの受け売りです。同じような例を世界で探してみると、ソ連が崩壊したときだって、すごい争いがあったわけでもない。

そういう、おだやかな革命は日本が得意とすることだけれども、他にも例がないわけでないことを考えると、このような手法で変化を実現させていくことは世界の潮流《ちょうりゅう》になるのではないでしょうか。

つまり、いろいろ、クルマについての新しい変化の話をしましたが、ぼくは、基本的には、「いまのクルマ産業がつぶれて新しいクルマ産業が生まれてゆく」というようにはならない、と予想しています。

革命で血を流さないということは、社会を混乱に巻きこむこともなく、前の時代のよかったところはそのまま残せるし、前の時代の有能な人々が、時代が変わってもよい仕事が続けられます。

それが明治以後どこの植民地にもならずに日本が発展できた理由です。旧ソ連がロシ

持続的イノベーション

破壊的イノベーション

日本的イノベーション

軟着陸という「日本的イノベーション」をめざそう。

アに変わってからの急速な発展も、無血革命のおかげです。

コンピュータの進化を例にとると、メインフレームと言われる大型コンピュータに始まり、ミニコン、デスクトップ型、ノートパソコンと進化してきました。

その変化の中でアメリカでは、まずメインフレームではＩＢＭが断トツのシェアを持っていました。そして、ノートパソコンまでの変化のたびに主役が変わっています。

しかし、日本では日立、東芝、富士通、ＮＥＣ、と、かつてのメインフレームを作ってきたメーカーは、それからあとのミニコンの時代も、デスクトップの時代も、ノート型になっても、ずっと、生き残ってきました。

とても、タフで、しなやかな変化を遂げてきた。

そう考えるのが自然ではないでしょうか。

つまり、技術の主役は変わるけれど、それを作ったり使用したりする人たちは変わらないでいい。

そういう**ソフトトランディングこそ、これからのグローバルスタンダードと呼ばれるものになる**のではないだろうか、と考えています。

前の時代のものが壊れ、その時代に優位に立っていた人や組織が、まっさかさまに落ちていって、次の人や組織が出てくるというような時代ではなくて、軟着陸をしていく時代だろう、と。

日本発のグローバルスタンダードというものがあるとしたら、そういう、しぶとい、軟着陸のやり方こそ、世界に普及させていくべき、ととらえているわけです。

これは、他国が新文明の主導者になった場合、案外むずかしいことだろうとも想像できます。

そのあたりが、本書の結論でもあります。

アメリカのクルマの会社がつぶれ、数百万人の雇用をどうしよう、というときも、いちいち、軟着陸をやってきた日本の人や組織の歴史を活かしていけばいい。

つまり、変化のほうも、日本の「ひとり勝ち」ではなくて、みんなで軟着陸をしていこう、と。

そのほうが、威勢はよくないかもしれないけれど、リアリティのある変化を遂げられる、と思うのです。

日本人には、そういう、割りきらないところがあるでしょう。

それが欠点とも言われるけれど、じつは良い点であるとも言えます。

オバマ政権みたいに、すぐに早く変化しろなんて声がアメリカは好きですね。日本人は、そのときも、モゴモゴモゴッとしか言いませんものね。

でも、巨大企業をドーンとつぶさない、そういうやり方が結局は早く、しなやかに変化させるやり方ではないか、と思います。

ぼくの、電気自動車についても、「ここまでできているんだから、次はここまでいける」というところしか、開発の手はつけていないわけです。

一気に、ガーッとがんばらなくたって、準備のできているところから、ちょっとずつの変化を遂げてきました。

同様に、「世論」という、一人ひとりの思いなり意思なりから、大きいものごとも少しずつ変化していく、ということです。

これまでの文明には、勝敗をはっきりさせるというところが往々《おうおう》にしてありました。

でも、**これからの文明では、勝ち負けというのは、価値基準としてはたいしたことがない**。それくらいになってほしい、と思います。

行動も必要だけど、まずは、世論を高める。

こうしたほうがいい、と周囲の人に伝えること。

「文明は、だんだん、革命の軟着陸に向かっていくんじゃないのかなぁ」

これが、ぼくなりの文明論の見通しです。

ともだちや、親しい人と話しているうちに、社会はだんだん変化していき、新文明が訪れる。

楽観的といわれるかもしれませんけれど、これから続いていく未来社会をいいものにするため、この夢のような話を「本当のもの」にしていきませんか。

未来の行方は、ぼくたち一人ひとりに委《ゆだ》ねられているのです。

あとがき

『脱「ひとり勝ち」文明論』、いかがでしたでしょうか。

本書を読む前と比べて、少しでも未来に希望を抱いていただいているようであれば、著者としてうれしいです。

最近の経済状況だけでなく、わたしたちは、二十世紀の終わりごろから、未来に対して明るい展望をもてないできました。

「成長の限界」

「宇宙船地球号の沈没」

こうした言葉で、地球の未来を灰色に塗《ぬ》ってきたのが、この数十年の傾向といえるでしょう。

そして、同時に「科学」に対しても否定的な態度をもつ人が増えてきたように思います。もしかしたら、最近の日本で指摘されている「子どもたちの科学離れ」なども、そのひとつの傾向かもしれません。

たしかに、産業革命以降の科学技術の発展によって、二十世紀文明は負の遺産を背負うことになりました。本書でも繰り返し述べているとおり、「公害」「地球温暖化」「経済格差の拡大」「それに伴う戦争や紛争」……言い出せばきりがありません。こうした問題の遠因に、科学技術があるのは否定できません。

しかし、大切なことは、これまでの科学技術は発展をこれ以上続けると地球を破壊する傾向にあったけれど、だからといって、これからの科学も同様というわけではない、ということです。むしろ、これからの科学技術というより、すでに生み出されている技術は、地球の発展、人類の明るい未来を作っていくことに、大いに貢献するものなのです。

その実例として、わたしたちが開発した「エリーカ」という電気自動車があり、太陽電池があるわけです。

こうした技術をしっかりと定着、普及させていけば、日本、そして人類の未来は明るい！

つまり、いまこそ、新しい「文明」が誕生するとき、といえるのです。二十世紀型の「ひとり勝ち」を基本とした、地球を結果的には痛めつけることにつながる文明とはちがう文明。新しい地球のあり方を創造する文明が、いま、誕生するのです。

そして、その実現を可能にするかどうかは、本書の最終章で述べたように、わたしたち一人ひとりの行動と発言にかかっています。

わたしたちの責任は重大です。

と同時に、希望も多いのです。


最後に、本書成立の過程を簡単に述べておきます。

今回の本は、まず、全体としては、「わかりやすくすること」「若い人にも読んでもらえること」を意識して作りました。

そのため、この本を作るために話し合ったナマの議論や会話の中の言葉も、ところどころ、あえてそのまま残しました。ちょっと雑だけど、ひとことでスパッと語っているからこそ、こちらの情熱や思いも、より伝わることもあるだろうと考えたためです。

制作の最後のほうであがってきたドラフトに、「おいおい、そりゃ、戯画化しすぎでは?」「あぁ、こうやったら、たしかにわかりやすいかも」などと、ツッコミをいれながら、加筆をしていく過程というのは、やはり楽しかったです。

そうやって、ワクワクしながら、文明論の議論を補強していったという熱が、読者の皆さんに伝わればうれしいです。

この企画のチームメイトの最初のひとり、武藤新二さんは、電通で、仲間の酒匂紀史さんや吉森太助さんたちと環境問題を研究しておられます。その過程で、「電気自動車が、おもしろい」と、ぼくの研究室に仲間と何回も足を運んでくださいました。本書に出てくる電気自動車「エリーカ」にも乗っていただいて、「これは、スゴイですねぇ！」と、楽しんでくださいました。

当時わたしは、環境問題の本を出そうとしているところだったのですが、武藤さんからは、「もっと、アイデアをシンプルにぶつける形の本を作っては……」と指摘を受けました。そして、「この、新しい出版社のミシマ社ってところ、面識はないのですが、この出版社に交渉したら、きっといいものができるのでは？」と、おっしゃった。

それで、武藤さんがわざわざ足を運んでくれて、ミシマ社の三島邦弘さんに会ってくださいました。三島さんも武藤さんの考えをおもしろいと思ってくれたということで、わたしと三人でお目にかかりました。話しているうちに、なるほど、と思えるところがいくつもありました。

「表現がかたくならないように、聞き書きの形で、議論を進めながら作っていくのはどうでしょうか？」

この提案は、そのまま、この本の大方針になりました。聞き書きを担当してくださった木村俊介さんは、三島さんの紹介です。

ですから、この本の文体は、わたしの文体ではありません。むしろ、チームみんなの文体になっています。そういう意味でも、わかりやすくていいんじゃないのかなぁ、と感じているところです。

シンプルに、しかし、切実に、事実を伝えてゆく……。そのようなチームの成果としての「文明論」が、読んだ皆さんに届いてくれることを願っています。

二〇〇九年五月

清水　浩

清水 浩（しみず・ひろし）

1947年宮城県生まれ。東北大学工学部博士課程修了。国立公害研究所、アメリカ・コロラド州立大学留学。国立公害研究所地域計画研究所室長。国立環境研究所地域環境研究グループ総合研究官などを経て、現在、慶應義塾大学環境情報学部教授。30年間、電気自動車の開発に従事。2004年、ポルシェ並みの加速力をもつ「未来のクルマ」Eliica（エリーカ）を誕生させる。

著書に『電気自動車のすべて』（日刊工業新聞社）、『地球を救うエコ・ビジネス100のチャンス』（にっかん書房）、『温暖化防止のために　一科学者からアル・ゴア氏への提言』（ランダムハウス講談社）、共著に『爆笑問題のニッポンの教養　教授が造ったスーパーカー』（講談社）などがある。現在、最も注目される科学技術者のひとり。

脱「ひとり勝ち」文明論

二〇〇九年六月十七日　初版第一刷発行
二〇〇九年六月十九日　初版第二刷発行

著　者　清水 浩
発行者　三島邦弘
発行所　株式会社ミシマ社
郵便番号　一五二-〇〇三五
東京都目黒区自由が丘二-六-一三
電　話　〇三（三七二四）五六一六
FAX　〇三（三七二四）五六一八
e-mail hatena@mishimasha.com
URL　http://www.mishimasha.com/
振替　〇〇一六〇-一-三七二九七六

印刷・製本　（株）シナノ
組版　（有）アトリエゼロ

ISBN978-4-903908-13-7

好評既刊

謎の会社、世界を変える。~エニグモの挑戦

須田将啓・田中禎人

最注目ベンチャーの起業物語

「世界初」のサービスを連発するエニグモの
共同経営者が語る、感動と興奮のリアルストーリー。

ISBN978-4-903908-05-2　1600円

12歳からのインターネット

ウェブとのつきあい方を学ぶ36の質問

荻上チキ

<ネット・ケータイ>リテラシー入門

ネットいじめ、学校裏サイト……ネットに
潜む問題はこの本で解決！　家族で読んで使える1冊。

ISBN978-4-903908-06-9　1200円

ナンバ式！元気生活

疲れをしらない生活術

矢野龍彦・長谷川智

「健康」よりも大切なもの、忘れていませんか？

ストレス多い日常も、ダイエットも、無理なくひたすら
楽しくなる！　元気を育て、伸ばす技術。

ISBN978-4-903908-07-6　1500円

みんなのプロレス

斎藤文彦

60人超のプロレスラーたちのとっておきの人生劇場

「プロレスが大好きな人は、みんな、“プロレスラー”である」。
そんな素敵な序文から始まる、ファン垂涎の一冊。

ISBN978-4-903908-09-0　2800円

（価格税別）

好評既刊

街場の教育論

内田 樹

「学び」の扉を開く合言葉。それは……？

教育には親も文科省もメディアも要らない!?
教師は首尾一貫してはいけない!?　日本を救う、魂の11講義。

ISBN978-4-903908-10-6　1600円

東京お祭り！大事典

毎日使える大江戸歳時記

井上一馬

そうだ、今日も祭りへ行こう！

30年間、関東近辺の「ハレ」の場に足を運んできた著者。
全307の季節の行事を紹介したエッセイ風ガイド。

ISBN978-4-903908-11-3　1600円

文章は写経のように書くのがいい

香山リカ

目からウロコの「書き方」入門

「スキマ時間」でサクサク大量に書く！ セラピー効果もある、
自分のためのライティング！ 多筆の著者がその極意を初公開。

ISBN978-4-903908-12-0　1500円

海岸線の歴史

松本健一

日本のアイデンティティは、「海岸線」にあり

「海やまのあひだ」はどのような変化をしてきたのか？
「日本人の生きるかたち」を根底から問い直す、瞠目の書。

ISBN978-4-903908-08-3　1800円

（価格税別）